Ernst P. Billeter

Grundlagen der repräsentativen Statistik

Grundlagen der repräsentativen Statistik

Stichprobentheorie und Versuchsplanung

Ernst P. Billeter

Springer-Verlag
Wien · New York 1970

Dr. Ernst P. Billeter
Ordentlicher Professor für Statistik, Operations Research
und Automation an der Universität Freiburg/Schweiz
Direktor des Instituts für Automation und Operations Research
an der Universität Freiburg/Schweiz

Mit 7 Abbildungen und 8 Diagrammen

Softcover reprint of the hardcover 1st edition 1970
Library of Congress Catalog Card Number 79-142791

ISBN-13:978-3-7091-8251-2 e-ISBN-13:978-3-7091-8250-5
DOI: 10.1007/978-3-7091-8250-5

Vorwort

In meinem früher erschienenen Buch „Grundlagen der Elementarstatistik — Beschreibende Verfahren“ wurden wichtige statistische Parameter und Verteilungen behandelt. Diese Maßzahlen und Verteilungen dienen vor allem der Beschreibung einer statistischen Gesamtheit. Dabei wird angenommen, daß die statistischen Beobachtungsergebnisse schon vorliegen.

In diesem Buch wird nun auf das Problem der Gewinnung statistischer Beobachtungsergebnisse eingegangen. Da in der Regel solches statistische Zahlenmaterial durch Repräsentativ- oder Stichprobenerhebungen gewonnen wird, finden sich hier einige der wichtigsten Stichprobenverfahren. Dabei wurde auch versucht, neuere und neueste Verfahren einzubeziehen, die bisher nur in verstreuten Zeitschriftenartikeln zu finden sind. Es wurde wiederum angestrebt, die mathematischen Ableitungen vollständig wiederzugeben, um es auch einem mathematisch weniger geschulten Leser zu ermöglichen, Einblick in die Hintergründe und Entstehungsursachen der angeführten mathematischen Formeln zu nehmen. Dadurch ist es ihm eher möglich, den Anwendungsbereich der einzelnen Verfahren selbständig richtig abschätzen zu können, was für die praktische Statistik sehr wichtig ist. Das Buch richtet sich deshalb vor allem an den praktisch tätigen Statistiker und an jene, die sich in das Gebiet der Statistik einarbeiten möchten. Es soll deshalb einen Platz zwischen den sehr hohe Anforderungen stellenden mathematischen Lehrbüchern und den einfachen einführenden Texten finden. Dadurch sollte auch bei Nicht-Mathematikern das Verständnis mathematisch-statistischer Lehrbücher erleichtert werden.

Der Erfolg einer statistischen Stichprobenerhebung kann aber durch eine zweckmäßige Versuchsanordnung wesentlich gesteigert werden. Deshalb wurde auch kurz auf das Gebiet der Versuchsplanung eingegangen. Diese in der naturwissenschaftlichen Statistik oft angewendeten Verfahren sind bisher in volks- und betriebswirtschaftlichen Anwendungen der Statistik leider wenig bewußt eingesetzt worden. Dieses Buch bezweckt deshalb, auch den Volks- und Betriebswirtschafter mit einigen wichtigen Verfahren der Versuchsplanung vertraut zu machen. Beide Teile des Buches beruhen auf Vorlesungen, die ich während eines Jahrzehnts an der Universität Freiburg/Schweiz für Studenten der Volks- und Betriebswirtschaft sowie auch für Psychologen gegeben habe.

Die letzten Arbeiten für die Drucklegung führte ich während meines Aufenthaltes als Gast-Professor an der Pennsylvania State University in den USA durch.

Dem Verlag sei für seine gewissenhafte und wegen meines Aufenthaltes in den USA auch etwas komplizierte und zeitaufwendige Arbeit gedankt. Möge dieses Buch vielen Statistikbeflissenen den Weg zum praktisch immer wichtiger werdenden Gebiet der Statistik ebnen und erleichtern.

State College, Pennsylvania, USA, November 1970

Ernst P. Billeter

Inhaltsverzeichnis

Stichproben-Theorie

Versuchsplanung

Liste der Grundsymbole

N	Anzahl Elemente in der Grundgesamtheit
n	Anzahl Elemente in der Stichprobe
N_i	Anzahl Elemente in der Schicht i der Grundgesamtheit
n_i	Anzahl Elemente in der Schicht i der Stichprobe
M	Anzahl Schichten in der Grundgesamtheit
m	Anzahl Schichten in der Stichprobe
x_{ij}	Merkmalswert des j-ten Elementes in der Schicht i
$\bar{x}_u$	arithmetisches Mittel in der Grundgesamtheit
$\bar{x}_s$	arithmetisches Mittel in der Stichprobe
$\bar{x}_{u_i}$	arithmetisches Mittel in der Schicht i der Grundgesamtheit
$\bar{x}_{s_i}$	arithmetisches Mittel in der Schicht i der Stichprobe
p_u	relative Häufigkeit in der Grundgesamtheit
p_s	relative Häufigkeit in der Stichprobe
σ_u^2	Streuung in der Grundgesamtheit
σ_s^2	Streuung in der Stichprobe
$\sigma_{u_i}^2$	Streuung in der Schicht i der Grundgesamtheit
$\sigma_{s_i}^2$	Streuung in der Schicht i der Stichprobe
$\sigma_{p_{u\,i}}^2$	Streuung in der Schicht i der Grundgesamtheit bei relativen Häufigkeiten
$\sigma_{p\,s}$	Stichprobenfehler bei relativen Häufigkeiten bei einfacher Zufallsstichprobe
$\sigma_{\bar{x}_s}$	Stichprobenfehler für arithmetisches Mittel bei einfacher Zufallsstichprobe
σ_{x_s}	Stichprobenfehler für Summen bei einfacher Zufallsstichprobe
d	Genauigkeit, Differenz
k	Risiko
C, K	Kosten
c_i	Erhebungskosten in der Schicht i
$\sigma_{u\,w}^2$	Streuung innerhalb der Schichten in der Grundgesamtheit
$\sigma_{u\,b}^2$	Streuung zwischen den Schichten in der Grundgesamtheit

$\sigma_{\bar{x}_s\,pr}$ Stichprobenfehler bei proportionaler Aufteilung bezüglich $\bar{x}$

$\sigma_{\bar{x}_s\,opt}$ Stichprobenfehler bei optimaler Aufteilung bezüglich $\bar{x}$

$\sigma_{\bar{x}_{sy}}$ Stichprobenfehler bei systematischer Stichprobe bezüglich $\bar{x}$

ϱ „Intraclass"-Korrelationskoeffizient

$\sigma_{\bar{x}\,K}$ Stichprobenfehler bei Klumpenstichprobe bezüglich $\bar{x}$

σ_b^2 Streuung zwischen den Klumpen

σ_w^2 durchschnittliche Streuung innerhalb der Klumpen

$\sigma_{x_2\,ph}$ Stichprobenfehler bei Zweiphasenstichprobe für Summe

$\sigma_{\bar{x}_2\,ph}$ Stichprobenfehler bei Zweiphasenstichprobe für $\bar{x}$

σ_p^2 Streuung in den primären Stichprobeneinheiten

σ_i^2 Streuung in den sekundären Stichprobeneinheiten

V_v Verhältnisschätzung in der Grundgesamtheit

v_v Verhältnisschätzung in der Stichprobe

σ_d^2 Streuung der Differenzen d_i um ihren Mittelwert $\bar{d}$

σ_v Stichprobenfehler der Verhältnisschätzung

β Steigungskoeffizient der Regressionsgeraden in der Grundgesamtheit

b Steigungskoeffizient der Regressionsgeraden in der Stichprobe

e_i Abweichung der Regressionsschätzung von der entsprechenden zu schätzenden Variablen

$\bar{e}$ Mittelwert aus allen Werten e_i

x_R Regressionsschätzung von x

$\sigma_{\bar{x}_R}$ Stichprobenfehler der Regressionsschätzung

σ_e^2 Streuung der Abweichungen e_i

VK Variabilitätskoeffizient

L Anzahl Zonen in der Wiederholungsstichprobe

Z Zonenintervall in der Wiederholungsstichprobe

w Anzahl Elemente je Zone in der Stichprobe

$\sigma_{x\,w}$ Stichprobenfehler bei der Wiederholungsstichprobe

$\sigma_{\bar{x}_s\,NK}$ Stichprobenfehler der Klumpen-Nachstichprobe

σ_k^2 Streuung der Klumpentotale

Stichproben-Theorie

1. Grundlagen

Sehr viele statistische Zahlenwerte werden auf Grund von Erhebungen gewonnen. So werden z. B. wichtige Daten über die Bevölkerung aus Volkszählungen und Angaben über Betriebe aus Betriebszählungen erhalten. Volks- und Betriebszählungen werden in der Regel alle zehn Jahre durchgeführt. Dabei werden bei der Volkszählung alle in einem Lande wohnhaften Personen erfaßt. Wegen des großen administrativen Aufwandes und wegen der hohen Kosten, die mit solchen Erhebungen verbunden sind, können diese Erhebungen, die alle Elemente einer Grundgesamtheit erfassen und deshalb als Vollerhebungen bezeichnet werden, nicht öfter durchgeführt werden. Aus diesem Grunde stützt man sich immer mehr auf Teil- oder Stichprobenerhebungen. Solche Teilerhebungen sind weniger zeitaufwendig als Vollerhebungen und der damit verbundene administrative Aufwand kleiner. Oft auch verbindet man Voll- und Teilerhebungen.

Der statistische Laie ist gegenüber Stichprobenerhebungen sehr oft skeptisch, weil seiner Ansicht nach eine Teilerhebung nicht Resultate liefern kann, die gleich genau sind wie die entsprechenden Resultate einer Vollerhebung. Der Statistiker hingegen ist anderer Ansicht. Er behauptet sogar, daß Stichprobenresultate unter Umständen genauer sein können als Resultate einer Vollerhebung. Dies ist aber nur möglich, wenn die Stichprobe nach bestimmten Regeln durchgeführt worden ist. In der Stichprobentheorie werden diese Regeln aufgezeigt. Es stellt sich also die Frage, unter welchen Voraussetzungen von Stichproben auf die Grundgesamtheit geschlossen werden kann. Ist also, so lautet diese Frage, die Stichprobe für die Grundgesamtheit stellvertretend oder repräsentativ? Ein erstes wichtiges Problem der Stichprobentheorie besteht darin, Wege aufzuzeigen, um die Repräsentativität einer Stichprobe zu erhöhen. Ein weiteres Problem betrifft die Möglichkeit, das Ausmaß der Repräsentativität zu messen, d. h. einen zahlenmäßigen Ausdruck zu finden, der in eindeutiger Weise darüber aussagt, ob die Stichprobe eine gute Stellvertretung für die Grundgesamtheit darstellt.

Die Repräsentativität einer Stichprobe kann auf dreierlei Arten erhöht werden. Die einfachste Art besteht darin, die Anzahl der Elemente in der Stichprobe zu erhöhen, d. h. den *Stichprobenumfang* zu vergrößern. Diesem Vorgehen sind allerdings Grenzen gesetzt, denn je größer der Stichprobenumfang, um so kostspieliger und administrativ schwerfälliger wird das Vorgehen. Obwohl man grundsätzlich auf diesem Wege die Repräsentativität der Stichprobe erhöhen kann, wird man gleichwohl bestrebt sein, die Stichprobe möglichst klein zu halten.

Eine weitere Möglichkeit, die Repräsentativität einer Stichprobe zu erhöhen, besteht darin, ein geeignetes Stichprobenverfahren, d. h. einen geeigneten *Stichprobenplan,* zu wählen. Die Stichprobentheorie hat nämlich mehrere Stichprobenpläne entwickelt, auf die später näher eingegangen werden soll. Der Statistiker wird, wenn immer möglich, versuchen, auf diesem Wege die Repräsentativität einer Stichprobe zu erhöhen.

Der dritte Weg endlich besteht darin, den Versuch möglichst dem Zwecke entsprechend, den man anstrebt, zu planen. Diese Möglichkeit, durch einen geeigneten *Versuchsplan* die Repräsentativität einer Stichprobe zu erhöhen, wird vor allem in der landwirtschaftlichen und medizinischen Statistik eingesetzt. Die Aussagekraft der Stichprobenresultate wird hier dadurch erhöht, daß unliebsame Nebeneinflüsse, die das erstrebte Resultat zu verfälschen vermöchten, in geeigneter Weise ausgeschaltet werden. So wird man beispielsweise bei der stichprobenweisen Prüfung des heilbringenden Erfolges eines Medikamentes die Versuchspersonen so wählen und den Versuch derart anordnen, daß die körperliche Konstitution der Versuchsperson, wetterbedingte und jahreszeitliche Einflüsse usw., die das Versuchsergebnis verfälschen könnten, weitgehend ausgeschaltet werden. Die Methoden und Verfahren, die dazu notwendig sind, werden unter der Bezeichnung Versuchsplan (design of experiments) zusammengefaßt.

Die Erhöhung des Stichprobenumfanges, die Wahl des geeigneten Stichprobenplanes sowie die Versuchsplanung ermöglichen es dem Statistiker, die Stichprobenuntersuchung bei vorgegebener Genauigkeit der Resultate so kostensparend wie möglich zu gestalten oder umgekehrt bei vorgegebenem Kostenbudget die Genauigkeit der Stichprobenresultate zu optimieren. Diese Möglichkeiten bestehen aber nur dann, wenn die Stichprobe nach den Regeln der Wahrscheinlichkeitsrechnung durchgeführt wird, d. h. wenn es sich um eine echte statistische Stichprobe handelt. Das Haupterfordernis für eine solche Stichprobe besteht darin, daß die Auswahl der Elemente der Grundgesamtheit in die Stichprobe zufällig erfolgt. Dies besagt, daß jedem Element der Grundgesamtheit eine bestimmte Wahrscheinlichkeit, die ungleich Null sein muß, zukommt, in die Stichprobe gewählt werden zu können. Wollte man beispielsweise die Lohnverhältnisse der Einwohner einer Stadt stichprobenweise ermitteln, so wäre es unstatthaft, diese Personen zufällig aus dem Telefonbuch herauszusuchen. Bei diesem Vorgehen käme all jenen Personen, die über kein Telefon verfügen, die Wahrscheinlichkeit Null zu, in die Stichprobe aufgenommen zu werden, denn sie sind im Telefonbuch nicht vertreten. In der Regel unterstellt man die Hypothese, daß jedem Element der Grundgesamtheit die gleiche Wahrscheinlichkeit zukommt, in die Stichprobe aufgenommen zu werden (Hypothese der Gleichwahrscheinlichkeit). Die Stichproben, deren Elemente nach diesem Grundsatz ausgewählt worden sind, bezeichnet man als *Zufalls-Stichproben*.

In der Praxis werden aber auch andere Stichproben durchgeführt, so beispielsweise bei Marktuntersuchungen (Marktforschung). Hier werden den Mitarbeitern bei der Stichprobenerhebung (Interviewer) nur die prozentualen Anteile oder Quoten innerhalb der zugrunde gelegten Gesamtheit genannt; die Auswahl der einzelnen Elemente ist den Interviewern überlassen. Solche Stichproben werden als *Quoten-Stichproben* bezeichnet. Eine solche Stichprobe liegt beispielsweise dann vor, wenn die Einkaufsgewohnheiten von Hausfrauen untersucht werden sollen und wenn den Interviewern nur gesagt wird, daß von allen befragten Hausfrauen z. B. 30 % aus Familien Selbständigerwerbender, 40 % aus Beamtenfamilien und 30 % aus Angestellten- und Arbeiterfamilien stammen sollen. Die Auswahl der einzelnen Hausfrauen ist dem Interviewer anheimgestellt. Es ist nun zu erwarten, daß er vor allem jene Hausfrauen befragen wird, bei welchen er einen möglichst kleinen Zeitaufwand erwarten kann, daß also beispielsweise Hausfrauen, die berufstätig und nur selten zu Hause anzutreffen sind, oder Hausfrauen, die auf dem Lande fernab von Hauptverkehrswegen wohnen, nicht besucht werden. Dieses Vorgehen verstößt nun gegen den Grundsatz bei statistischen Stichproben, daß allen Elementen der Grundgesamtheit eine bestimmte (in der Regel die gleiche) Wahrscheinlichkeit ungleich Null zugeordnet ist, in die Stichprobe aufgenommen zu werden. In bestimmten Fällen kann es aus irgendwelchen Gründen leichter sein, Quoten-Stichproben durchzuführen; in solchen Fällen aber können die Regeln und Ergebnisse der Wahrscheinlichkeitsrechnung nicht angewendet werden. So kann vor allem die Genauigkeit dieser Stichprobenergebnisse nicht angegeben werden. In unseren Betrachtungen schließen wir die Quoten-Stichproben aus und beschränken uns ausschließlich auf die statistischen Stichproben.

Es wurde schon darauf hingewiesen, daß die Erhebungen (Voll- und Stichprobenerhebungen) die Zahlenangaben liefern, auf die die Statistik immer wieder zurückgreift. Bei der Durchführung von Stichprobenerhebungen ist aber ein bestimmtes Vorgehen zu beachten. DEMING (7)[1] führt hier folgende 15 Schritte an[2]:

---

[1] Diese eingeklammerten Zahlen weisen auf das Literaturverzeichnis hin.
[2] DEMING (7), Seiten 4—9.

1. Das Problem ist statistisch zu umschreiben, d. h. es ist abzuklären, welche statistischen Informationen erstrebt werden.
2. Die Grundgesamtheit muß genau definiert werden.
3. Es soll abgeklärt werden, welcher Teil der erstrebten Informationen schon aus anderen Quellen (z. B. Veröffentlichungen) verfügbar sind.
4. Es soll entschieden werden, welche Erhebungsart die gewünschten Informationen liefern wird.
5. Die gestellten Fragen sollen so beschaffen sein, daß eindeutige und klare Antworten mühelos gegeben werden können.
6. Es sollen verschiedene Stichprobenpläne erwogen werden, damit daraus die entsprechenden Kosten und Genauigkeiten abgeleitet werden können.
7. Es sollen, wenn immer möglich, Kontrollen eingebaut werden, z. B. durch sich überschneidende, zusätzliche Stichproben, damit daraus die Einflüsse des unvollständigen Erfassens der Elemente, der Nichtbeantwortung, der unterschiedlichen Art der Durchführung der Erhebung durch verschiedene Interviewer und ihrer unterschiedlichen Ausbildung sowie die Kostenunterschiede verschiedener zulässiger Verfahren ermittelt werden können.
8. Die Pflichtenhefte und Anweisungen für die Kontaktpersonen (Interviewer) sollen erstellt werden.
9. Der Aufbau der Schlußtabellen sollte bereinigt werden.
10. Die Fragebogen und Anweisungen sollten auf ihre Zweckmäßigkeit hin genau geprüft werden.
11. Nötigenfalls sollten die Fragebogen und Anweisungen bereinigt werden.
12. Auch das Vorgehen bei der Stichprobenerhebung sollte nun bereinigt werden.
13. Die Erhebung kann nun durchgeführt und die Tabellen können erstellt werden.
14. Auf Grund von Teilstichproben aus der durchgeführten Stichprobe soll die Genauigkeit der Stichprobenresultate abgeleitet werden.
15. Die Ergebnisse können nun besprochen und herausgegeben werden.

2. Die Beurteilung einer Stichprobe

Eine gute Vorbereitung und Planung einer Stichprobe ist Voraussetzung, doch keine Garantie für gute Stichprobenergebnisse. Trotz einer gewissenhaften Planung der Stichprobe ist es gleichwohl noch notwendig, die Genauigkeit der Stichprobe zu bestimmen. Die zuverlässigste Messung der Genauigkeit einer Stichprobe besteht darin, das Stichprobenergebnis mit dem entsprechenden Wert der Grundgesamtheit zu vergleichen. Wenn also beispielsweise das durchschnittliche Einkommen einer bestimmten Gruppe von Lohnempfängern stichprobenweise ermittelt worden ist, so müßte man die Genauigkeit dieses Ergebnisses mit dem tatsächlichen durchschnittlichen Einkommen dieser Gruppe von Lohnempfängern vergleichen. Dieses Vorgehen ist aber nicht möglich, weil der tatsächliche Wert des Resultates unbekannt ist und auf Grund der Stichprobe zu schätzen versucht wird.

Die Genauigkeit eines Stichprobenergebnisses muß also auf einem anderen Wege zu ermitteln versucht werden, nämlich auf Grund der beiden kennzeichnenden Merkmale einer Stichprobe, nämlich Stichprobenumfang und Stichprobenplan[1]. Die Genauigkeit einer Stichprobe wird zweifellos dann am größten werden, wenn die Stichprobe alle Elemente der Grundgesamtheit erfaßt (Vollerhebung). Sie nimmt mit kleiner werdendem Stichprobenumfang ab.

2.1. Der Stichprobenfehler

In der Stichprobentheorie hat sich ein bestimmtes Maß der Genauigkeit der Stichprobenresultate eingebürgert, der sogenannte *Stichprobenfehler.* Darunter versteht man den Fehler, den man begeht, wenn man statt einer Vollerhebung eine Stichprobenerhebung durchführt. Der Stichprobenfehler ist eigentlich ein Streuungsmaß, nämlich eine mittlere quadratische Abweichung. Bei diesem statistischen Parameter wird bekanntlich die Summe der Quadrate der Abweichungen der Merkmalswerte von einem Bezugswert (z. B. dem arithmetischen Mittel) gebildet und durch ihre Anzahl (bzw. die um eins verminderte Anzahl) dividiert. Was entspricht nun beim Stichprobenfehler den Merkmalswerten und was dem Bezugswert? Um diese Frage zu beantworten, müssen wir uns die Stichprobenentnahme aus einer Grundgesamtheit etwas genauer vorstellen.

Gegeben sei also eine Grundgesamtheit, bestehend aus N Elementen. Aus dieser Grundgesamtheit sei eine Stichprobe aus n Elementen zufällig gezogen worden. Ist N von n verschieden, so wird diese Stichprobe nicht die einzig mögliche sein. Wie viele verschiedene Stichproben der Größe n können also aus einer Grundgesamtheit aus N Elementen ($N > n$) gezogen werden? Diese Frage kann mit Hilfe der Komplexionslehre und insbesondere der Kombinationen ohne Wiederholung beantwortet werden. Ihre Anzahl ist nämlich

$$\binom{N}{n}$$

[1] Die dritte Bestimmungsgröße, der Versuchsplan, wirkt sich auf die Unterdrückung nicht erwünschter Einflüsse aus und kann hier deshalb unberücksichtigt bleiben.

Aus einer Grundgesamtheit von 10 Elementen können demnach 45 verschiedene Strichproben, bestehend aus 2 Elementen, gezogen werden. Ist $N = 100$ und $n = 20$, so ergeben sich nach der Formel von STIRLING schon rund $5{,}3666 \cdot 10^{20}$ verschiedene Stichproben. Wie ersichtlich, nimmt die Anzahl der verschiedenen möglichen Stichproben erheblich zu, wenn die Grundgesamtheit größer wird.

Bei einer Stichprobenerhebung wird nur eine der insgesamt $\binom{N}{n}$ möglichen verschiedenen Stichproben zufällig herausgegriffen. Die Genauigkeit des Resultates dieser Stichprobe hängt nun von der Streuung aller möglichen Stichprobenresultate um das Resultat in der Grundgesamtheit, d. h. um den wahren Wert oder Erwartungswert, ab. Beim Stichprobenfehler bezeichnen die Merkmalswerte die einzelnen Stichprobenresultate und der Bezugswert den wahren Wert. Ein einfaches Beispiel soll diesen Zusammenhang veranschaulichen.

Die Grundgesamtheit soll aus den folgenden 10 Zahlenwerten bestehen:

80	83
44	75
98	17
13	30
94	6

Das arithmetische Mittel aus diesen 10 Zahlenwerten beziffert sich auf $\bar{x} = 54$. Dieser Wert stellt den wahren Wert dar, der bei praktischen Stichprobenerhebungen aber unbekannt ist und auf Grund der Stichprobe geschätzt werden soll. Die mittlere quadratische Abweichung ist hier gleich $\sigma_u = 33{,}95$. Aus dieser Grundgesamtheit sollen nun alle möglichen verschiedenen Stichproben aus 2 Elementen gezogen werden. Es ergeben sich insgesamt 45 verschiedene Stichproben. Die erste Stichprobe besteht aus den Elementen 80 und 44, die zweite aus den Elementen 80 und 98, die dritte aus 80 und 13 usw. bis zur letzten Stichprobe, die aus den Elementen 30 und 6 besteht. Ihre arithmetischen Mittel (Stichprobenresultate) sind nachfolgend zusammengestellt:

1. Stichprobe	Elemente 80 und 44	$\bar{x}_1 = 62$
2. Stichprobe	Elemente 80 und 98	$\bar{x}_2 = 89$
3. Stichprobe	Elemente 80 und 13	$\bar{x}_3 = 46{,}5$
4. Stichprobe	Elemente 80 und 94	$\bar{x}_4 = 87$
5. Stichprobe	Elemente 80 und 83	$\bar{x}_5 = 81{,}5$
6. Stichprobe	Elemente 80 und 75	$\bar{x}_6 = 77{,}5$
7. Stichprobe	Elemente 80 und 17	$\bar{x}_7 = 48{,}5$
8. Stichprobe	Elemente 80 und 30	$\bar{x}_8 = 55$

9. Stichprobe	Elemente 80 und 6		$\bar{x}_9 = 43$
10. Stichprobe	Elemente 44 und 98		$\bar{x}_{10} = 71$
11. Stichprobe	Elemente 44 und 13		$\bar{x}_{11} = 28{,}5$
12. Stichprobe	Elemente 44 und 94		$\bar{x}_{12} = 69$
13. Stichprobe	Elemente 44 und 83		$\bar{x}_{13} = 63{,}5$
14. Stichprobe	Elemente 44 und 75		$\bar{x}_{14} = 59{,}5$
15. Stichprobe	Elemente 44 und 17		$\bar{x}_{15} = 30{,}5$
16. Stichprobe	Elemente 44 und 30		$\bar{x}_{16} = 37$
17. Stichprobe	Elemente 44 und 6		$\bar{x}_{17} = 25$
18. Stichprobe	Elemente 98 und 13		$\bar{x}_{18} = 55{,}5$
19. Stichprobe	Elemente 98 und 94		$\bar{x}_{19} = 96$
20. Stichprobe	Elemente 98 und 83		$\bar{x}_{20} = 90{,}5$
21. Stichprobe	Elemente 98 und 75		$\bar{x}_{21} = 86{,}5$
22. Stichprobe	Elemente 98 und 17		$\bar{x}_{22} = 57{,}5$
23. Stichprobe	Elemente 98 und 30		$\bar{x}_{23} = 64$
24. Stichprobe	Elemente 98 und 6		$\bar{x}_{24} = 52$
25. Stichprobe	Elemente 13 und 94		$\bar{x}_{25} = 53{,}5$
26. Stichprobe	Elemente 13 und 83		$\bar{x}_{26} = 48$
27. Stichprobe	Elemente 13 und 75		$\bar{x}_{27} = 44$
28. Stichprobe	Elemente 13 und 17		$\bar{x}_{28} = 15$
29. Stichprobe	Elemente 13 und 30		$\bar{x}_{29} = 21{,}5$
30. Stichprobe	Elemente 13 und 6		$\bar{x}_{30} = 9{,}5$
31. Stichprobe	Elemente 94 und 83		$\bar{x}_{31} = 88{,}5$
32. Stichprobe	Elemente 94 und 75		$\bar{x}_{32} = 84{,}5$
33. Stichprobe	Elemente 94 und 17		$\bar{x}_{33} = 55{,}5$
34. Stichprobe	Elemente 94 und 30		$\bar{x}_{34} = 62$
35. Stichprobe	Elemente 94 und 6		$\bar{x}_{35} = 50$
36. Stichprobe	Elemente 83 und 75		$\bar{x}_{36} = 79$
37. Stichprobe	Elemente 83 und 17		$\bar{x}_{37} = 50$
38. Stichprobe	Elemente 83 und 30		$\bar{x}_{38} = 56{,}5$
39. Stichprobe	Elemente 83 und 6		$\bar{x}_{39} = 44{,}5$
40. Stichprobe	Elemente 75 und 17		$\bar{x}_{40} = 46$
41. Stichprobe	Elemente 75 und 30		$\bar{x}_{41} = 52{,}5$
42. Stichprobe	Elemente 75 und 6		$\bar{x}_{42} = 40{,}5$
43. Stichprobe	Elemente 17 und 30		$\bar{x}_{43} = 23{,}5$
44. Stichprobe	Elemente 17 und 6		$\bar{x}_{44} = 11{,}5$
45. Stichprobe	Elemente 30 und 6		$\bar{x}_{45} = 18$

Die Stichprobenresultate schwanken also zwischen $\bar{x}_{30} = 9{,}5$ und $\bar{x}_{19} = 96$. Das arithmetische Mittel aus all diesen Stichprobenresultaten ist gleich 54, d. h. also gleich dem Mittelwert der Grundgesamtheit. Die mittlere quadratische Abweichung aller Stichprobenresultate vom wahren Wert $\bar{x} = 54$ stellt sich auf $\sigma_{\bar{x}_s} = 22{,}63$ und ist gleich dem Stichprobenfehler.

Je näher sich die einzelnen Stichprobenresultate um den wahren Wert $\bar{x}$ gruppieren, d. h. je kleiner diese Streuung oder der Stichprobenfehler ist, desto größer ist die Wahrscheinlichkeit, daß eine zufällig unter den möglichen Stichproben ausgewählte Stichprobe ein Resultat liefert, das in die Nähe des wahren Wertes fällt. Je größer aber diese Streuung ist, desto größer ist das Risiko, zufällig eine Stichprobe herausgegriffen zu haben, die ein schlechtes, d. h. wenig repräsentatives Resultat ergibt. Der Stichprobenfehler zeigt uns also, ob die Stichprobe für die Grundgesamtheit repräsentativ ist.

Die Verteilung der einzelnen Stichprobenresultate geht am augenfälligsten aus der folgenden Häufigkeitsverteilung hervor.

Häufigkeitsverteilung der Stichprobenresultate

Stichprobenresultate in Klassen	Häufigkeiten der Stichproben	
	absolut	in Prozenten
bis 10	1	2
10,1 — 30	7	16
30,1 — 50	12	27
50,1 — 70	14	31
70,1 — 90	9	20
90,1 und mehr	2	4
Zusammen	45	100

Die graphische Darstellung dieser Häufigkeitsverteilung findet sich in Abb. 1. Fast ein Drittel aller Stichproben fällt in die Resultatenklasse 50,1–70, d.h. in die Klasse, die den wahren Wert $\bar{x} = 54$ einschließt. In

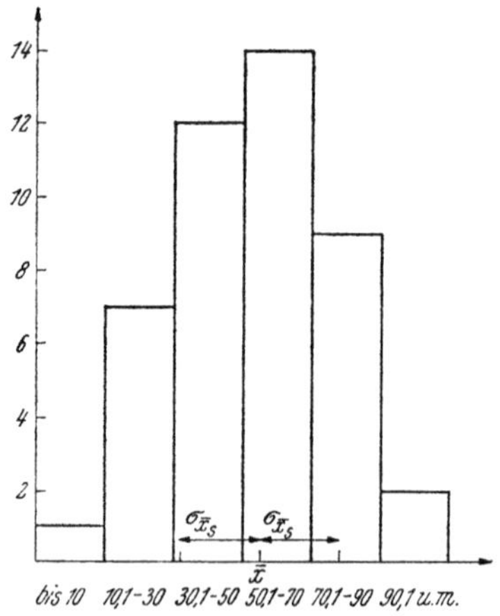

Abb. 1. Häufigkeitsverteilung der Stichprobenresultate

die beiden benachbarten Klassen fallen 27 und 20 % aller Stichproben, so daß etwas mehr als drei Viertel aller Stichproben Ergebnisse liefern, die sich in den Grenzen zwischen 30,1 und 90 befinden. Die Wahrscheinlichkeit also, aus allen möglichen Stichproben eine zufällig herauszugreifen, deren Resultat in den Grenzen 50,1 und 70 einbezogen ist, stellt sich auf 0,31, und die Wahrscheinlichkeit, zufällig eine Stichprobe zu wählen, deren Ergebnis in den Grenzen 30,1 und 90 liegt, beträgt 0,78. Da sich die mittlere quadratische Abweichung aller Stichprobenresultate um den wahren Wert auf $\sigma_{\bar{x}s} = 22{,}63$ oder rund 23 beziffert, betragen die σ-Grenzen:

$\bar{x} \pm \sigma_{\bar{x}s}$	$54 \pm 23 = 31$ bis 77
$\bar{x} \pm 2\,\sigma_{\bar{x}s}$	$54 \pm 46 = 8$ bis 100
$\bar{x} \pm 3\,\sigma_{\bar{x}s}$	$54 \pm 69 = 0$ bis 123

Andrerseits beträgt die Wahrscheinlichkeit, eine Stichprobe herauszugreifen, deren Resultat außerhalb der Grenzen 50,1 und 70 liegt, 0,69, und die Wahrscheinlichkeit, eine Stichprobe zu erhalten, die außerhalb der Grenzen 30,1 und 90 liegt, beziffert sich auf 0,22.

2.2. Die Genauigkeit einer Stichprobe

Diese Ergebnisse besagen, daß es sehr unwahrscheinlich ist, zufällig eine Stichprobe zu ergreifen, deren Resultat wesentlich vom wahren Wert $\bar{x}$ abweicht. Da nun bekanntlich aber der wahre Wert nicht bekannt ist und durch die Stichprobe angenähert zu ermitteln versucht wird, kann man das Stichprobenresultat angeben und sagen, daß der wahre Wert mit der Wahrscheinlichkeit von rund 68 % zwischen den Grenzen 31 und 77 liegt (einfache Sigma-Grenze), daß er mit der Wahrscheinlichkeit von rund 95 % zwischen den Grenzen 8 und 100 liegen dürfte und daß er mit der Wahrscheinlichkeit von rund 100 % innerhalb der Grenzen 0 und 123 begriffen sein wird. Umgekehrt kann man sagen, daß eine Fehlaussage des Stichprobenresultates im ersten Falle 32 %, im zweiten rund 5 % und im letzten Falle 0 % betragen dürfte. Obwohl nun die Stichprobe nicht unbedingt ein richtiges Resultat liefern wird, kann man bei einer statistischen Stichprobe das Risiko angeben, mit welchem das Stichprobenresultat behaftet sein dürfte. Das Risiko einer Fehlschätzung durch die Stichprobe ist also nicht ausgeschaltet, aber doch genau bekannt, wodurch das an sich ungenaue Resultat der Stichprobe trotzdem eine Aussagekraft besitzt. Der Informationsgehalt des Stichprobenresultates ist eigentlich klein, doch wird er durch die Angabe des Stichprobenfehlers wesentlich erhöht und praktisch verwertbar.

Aus dem bisher Gesagten geht hervor, daß zwischen dem wahren Wert in der Grundgesamtheit $\bar{x}$ und dem Stichprobenresultat $\bar{x}_s$ eine Beziehung besteht, die durch folgende Formel dargestellt werden kann:

$$\bar{x} = \bar{x}_s \pm k\,\sigma_{\bar{x}_s} \tag{1}$$

d.h. das Stichprobenergebnis weicht nach Maßgabe des Stichprobenfehlers vom wahren Wert ab. Hier ist allerdings zu bemerken, daß sich neben dem Stichprobenfehler noch andere Fehler einschleichen können, so Rechenfehler, Erhebungsfehler auf Grund ungenauer Fragen, Auszählungsfehler usw. Der Stichprobenfehler schließt diese Fehler nicht ein; er zeigt lediglich den Fehler an, den man begeht, wenn man statt einer Vollerhebung eine Stichprobenerhebung durchführt. Allerdings ist es möglich, daß die Nicht-Stichprobenfehler dadurch, daß man eine Stichprobe durchführt, verringert werden. So kann bei einer Stichprobe genauer ausgezählt werden, die Fragen können besser formuliert und auch persönlich gestellt werden, und es können auch weniger Rechenfehler infolge des kleineren Datenvolumens begangen werden. Es ist sogar möglich, daß die Verringerung dieser Nicht-Stichprobenfehler das Ausmaß des Stichprobenfehlers kompensiert, so daß eine Stichprobe unter Umständen genauere Resultate ergeben kann als eine Vollerhebung, bei der die Nicht-Stichprobenfehler überwiegen.

Aus der Beziehung (1) läßt sich die folgende Formel ableiten, der als Grundformel in der Stichprobentheorie eine wesentliche Bedeutung zukommt:

$$\bar{x} - \bar{x}_s = d = \pm k\,\sigma_{\bar{x}_s} \tag{2}$$

Hier werden der wahre Wert und der Stichprobenwert in der voraussichtlichen Differenz d zusammengefaßt. Dadurch wird der uns unbekannte Wert $\bar{x}$ ausgeschaltet und statt dessen die Differenz d eingeführt. Diese kann nun durch den Statistiker gewählt werden, ohne daß der wahre Wert $\bar{x}$ bekannt zu sein braucht. In der Formel (2) haben wir also zwei Größen, die durch den Statistiker bestimmt werden müssen, nämlich d und k. Die Differenz d gibt die geforderte Genauigkeit des Stichprobenergebnisses und der Wert k die Wahrscheinlichkeit an, mit welcher diese Genauigkeit voraussichtlich erreicht wird. Oder anders ausgedrückt, k gibt uns das Risiko an, mit welchem diese Genauigkeit voraussichtlich nicht eingehalten werden wird. Mit Hilfe dieser beiden Parameter (d und k) kann der Statistiker die Aussagekraft oder den Informationsgehalt des Stichprobenergebnisses steuern. Durch die geeignete Wahl von d und k kann er bewirken, daß das Stichprobenresultat mit einer kleineren oder größeren Zuverlässigkeit interpretiert werden kann.

Die Formel (2) hat aber noch eine andere wichtige Bedeutung. Sie dient dazu, den Stichprobenumfang zu berechnen. Bei einer statistischen Stichprobe ist man nicht darauf angewiesen, ihre Größe mehr oder weniger gefühlsmäßig zu schätzen. Die Anzahl der in die Stichprobe aufzunehmenden Elemente kann auf Grund von Formel (2) genau berechnet werden, sofern die geforderte Genauigkeit d und das zulässige Risiko, das durch den Parameter k ausgedrückt wird, festgesetzt worden sind. Zwei der drei in Formel (2) angegebenen Größen, nämlich d und k, können als bekannt vorausgesetzt werden. Wie kann man aber den Stichprobenfehler $\sigma_{\bar{x}_s}$ bestimmen?

Auf Grund seiner Definition als mittlere quadratische Abweichung kann er praktisch nicht berechnet werden, denn dazu fehlen uns die Ergebnisse aller möglichen Stichproben (wir ziehen ja nur eine Stichprobe); auch fehlt uns der wahre Wert in der Grundgesamtheit, der bekanntlich auf Grund der Stichprobe ermittelt werden soll. Aus diesen Gründen ist es also nicht möglich, den Stichprobenfehler direkt zu berechnen, wie wir das im oben angeführten Beispiel getan haben. Es muß also versucht werden, ihn auf einem anderen Wege zu berechnen.

2.3. Bestimmung des Stichprobenfehlers

Zur praktischen Bestimmung des Stichprobenfehlers schlagen wir den Weg über die Wahrscheinlichkeitsrechnung ein. Wir stellen uns die Frage, durch welches wahrscheinlichkeitstheoretische Modell eine Stichprobe dargestellt werden kann. Offenbar handelt es sich hier um die Ziehung einer Anzahl Kugeln (Elemente) n aus einer Urne, die insgesamt N Kugeln enthält. Wir haben schon früher gesehen, daß eine Stichprobe dadurch entstanden gedacht werden kann, daß von allen möglichen verschiedenen Stichproben zufällig eine herausgegriffen wird. Insgesamt gibt es bekanntlich $\binom{N}{n}$ mögliche und verschiedene Stichproben der Größe n, die aus einer Urne mit N Kugeln gezogen werden können.

Es sei weiter angenommen, daß die Urne N_1 weiße und N_2 schwarze Kugeln enthalte, wobei $N_1 + N_2 = N$ ist. Es soll nun die Wahrscheinlichkeit berechnet werden, eine Stichprobe, bestehend aus n Kugeln, zu ziehen, die x weiße und y schwarze Kugeln umfaßt, wobei $x + y = n$ ist. Diese Stichprobe ist eine unter den $\binom{N}{n}$ möglichen Stichproben. Die Stichprobe soll also x weiße und y schwarze Kugeln enthalten. Die x weißen Kugeln entstammen offensichtlich der Gesamtheit der N_1 weißen Kugeln in der Urne. Von diesen N_1 weißen Kugeln können also die x weißen Kugeln in der Stichprobe auf $\binom{N_1}{x}$ verschiedene Arten gezogen werden (ohne Zurücklegen). Weiter sind die y schwarzen Kugeln in der Stichprobe der Gesamtheit der N_2 schwarzen Kugeln in der Urne entnommen worden. Diese y schwarzen Kugeln können in analoger Weise auf $\binom{N_2}{y}$ mögliche Arten gezogen worden sein (ohne Zurücklegen). Da sich nun die Stichprobe sowohl aus x weißen als auch aus y schwarzen Kugeln zusammensetzt, so ist die Anzahl der günstigen Stichproben mit x weißen und y schwarzen Kugeln nach dem Multiplikationssatz der Wahrscheinlichkeitsrechnung gleich

$$\binom{N_1}{x}\binom{N_2}{y}$$

Die Wahrscheinlichkeit des Ereignisses, eine Stichprobe S mit x weißen und y schwarzen Kugeln zufällig zu ziehen, ist also gleich

$$P(S) = \frac{\binom{N_1}{x}\binom{N_2}{y}}{\binom{N}{n}} = \frac{\binom{N_1}{x}\binom{N-N_1}{n-x}}{\binom{N}{n}}. \tag{3}$$

Diese Formel entspricht aber der hypergeometrischen Verteilung. Sind beispielsweise die folgenden Werte gegeben:

$$\begin{aligned} N &= 10 \qquad & n &= 5 \\ N_1 &= 7 & x &= 3 \\ N_2 &= 3 & y &= 2 \end{aligned}$$

so ergeben sich insgesamt

$$\binom{N}{n} = \binom{10}{5} = 252$$

mögliche Stichproben. Die Anzahl der günstigen Stichproben ist

$$\binom{N_1}{x}\binom{N_2}{y} = \binom{7}{3}\binom{3}{2} = 105.$$

Von den insgesamt 252 möglichen Stichproben sind 105, die das vorgeschriebene Mischungsverhältnis aufweisen.

Nachdem nun also feststeht, daß das wahrscheinlichkeitstheoretische Modell einer Stichprobenentnahme aus einer Grundgesamtheit durch die hypergeometrische Verteilung gekennzeichnet ist, nachdem also feststeht, daß das Verteilungsgesetz der Häufigkeitsverteilung in Abb. 1 die hypergeometrische Verteilung ist, und nachdem wir weiter wissen, daß die mittlere quadratische Abweichung für diese Verteilung den Stichprobenfehler darstellt, kann gefolgert werden, daß die mittlere quadratische Abweichung der hypergeometrischen Verteilung gleich dem Stichprobenfehler ist. Es ist uns also auf diese Weise gelungen, den Stichprobenfehler über den Verteilungstyp der Stichprobenentnahme zu kennzeichnen. Für den Stichprobenfehler kann also die mittlere quadratische Abweichung der hypergeometrischen Verteilung bezüglich des arithmetischen Mittels, d. h. bezüglich des durch die Stichprobe geschätzten Parameters der Grundgesamtheit, gesetzt werden. Dieses Streuungsmaß ist nun bekanntlich durch die allgemeine Formel

$$\sigma_{\bar{x}_s} = \sqrt{\frac{N-n}{N-1}\,\frac{\sigma_u^2}{n}} \tag{4}$$

gekennzeichnet. Hierin bedeutet die Größe σ_u^2 die Streuung der Merkmalswerte der Grundgesamtheit (Universum) um den wahren Wert $\bar{x}$.

Wir sind nun in der Lage, diese Formel auf ihre Richtigkeit hin zu prüfen, denn wir kennen für das auf Seite 6 angeführte Beispiel sowohl $\bar{x} = 54$ als auch die mittlere quadratische Abweichung in der Grundgesamtheit, die gleich $\sigma_u = 33{,}95$ ist. Mit diesem Wert ist es nun möglich, den Stichprobenfehler nach Formel (4) zu berechnen; es ergibt sich:

$$\sigma_{\bar{x}_s} = \sqrt{\frac{10-2}{10-1}\,\frac{33{,}55^2}{2}} = 22{,}63$$

Die direkte Berechnung des Stichprobenfehlers ergab den Wert 22,63, d. h. also den genau gleichen Wert.

Der Wert $N-1$ kann bei großen Grundgesamtheiten bedenkenlos ungefähr gleich N gesetzt werden ($N-1 \sim N$). Bei unendlich großen Grundgesamtheiten und kleinen Stichproben wird zudem noch $N-n \sim N$, so daß in diesem Falle der Faktor

$$\frac{N-n}{N-1} \sim 1$$

gesetzt werden darf. Der Stichprobenfehler bei sehr großen Grundgesamtheiten und sehr kleinen Stichproben ist folglich näherungsweise gleich

$$\sigma_{\bar{x}_s} \sim \sqrt{\frac{\sigma_u^2}{n}} = \frac{\sigma_u}{\sqrt{n}}. \tag{4 a}$$

Aus dieser Formel ersieht man mühelos, daß der Stichprobenfehler bei zunehmendem Stichprobenumfang n kleiner wird. Und zwar nimmt er mit der Quadratwurzel des Stichprobenumfanges ab. Strebt n gegen Unendlich, was angesichts der Annahme, daß N gegen Unendlich strebt, möglich ist, so strebt der Stichprobenfehler gegen Null (Vollerhebung).

3. Die Stichprobenentnahme

3.1. Zufällige Auswahl

Die angegebenen Formeln können nur verwendet werden, wenn es sich um eine zufällige Stichprobe handelt, d. h. wenn die Auswahl der Elemente für die Stichprobe zufällig erfolgt ist. Es stellt sich deshalb die Frage, wie denn in der Praxis eine solche zufällige Auswahl getroffen werden kann. Grundsätzlich wird die zufällige Auswahl bekanntlich dadurch gekennzeichnet, daß jedem Element der Grundgesamtheit eine bestimmte (in der Regel gleiche) Wahrscheinlichkeit zukommt, in die Stichprobe aufgenommen zu werden. Dadurch soll verhindert werden, daß einzelne Elemente überhaupt nicht ausgewählt werden können. Die praktisch übliche Hypothese der Gleichwahrscheinlichkeit soll bewirken, daß kein Element bei der Auswahl bevorzugt werden kann[1]. Der Einfachheit halber soll im folgenden ebenfalls die Hypothese der Gleichwahrscheinlichkeit zugrunde gelegt werden. Den einzelnen Elementen soll also die gleiche Wahrscheinlichkeit $1/N$ zukommen, in die Stichprobe gewählt zu werden. Diese einfach klingende Forderung ist in der Praxis manchmal nicht leicht zu erfüllen.

3.2. Realisierung der zufälligen Auswahl

Wie kann man in der Praxis, so stellt sich die Frage, die Forderung der zufälligen Auswahl realisieren? Um diese Frage zu beantworten, soll wiederum von einem wahrscheinlichkeitstheoretischen Modell, nämlich vom Urnenmodell, ausgegangen werden.

3.2.1. Urnenmodell

Es sei angenommen, daß alle Elemente der Grundgesamtheit als Kugeln in einer Urne dargestellt sind. Bei einer Stichprobenentnahme

---

[1] Es sind Fälle denkbar, wo eine gewisse Bevorzugung bei der Auswahl nicht nur möglich, sondern auch erwünscht sein kann. Dies ist dann gegeben, wenn einzelne Elemente wegen ihrer Wichtigkeit unbedingt in der Stichprobe vertreten sein müssen, wie beispielsweise in einer stichprobenweise erhobenen Steuerstatistik die Zensiten mit sehr hohen Einkommen oder in einer stichprobenweise erhobenen Betriebsstatistik bestimmte, durch ihre Tätigkeit besonders ausgezeichnete Betriebe.

geht es also darum, zufällig eine gewisse Anzahl Kugeln herauszugreifen. Dies geschieht dadurch, daß blindlings in die Urne gegriffen wird und so viele Kugeln herausgeholt werden, als Elemente in die Stichprobe einbezogen sein müssen. Dabei kann man entweder alle Kugeln der Stichprobe gleichzeitig oder jede einzelne Kugel für sich ohne Zurücklegen herausgreifen. Wenn aber das Universum sehr groß ist, kann eine zufällige Auswahl nicht mehr auf diese Weise bewerkstelligt werden. Es ist aber möglich, das Prinzip der Urnenziehung auch bei umfangreichen Grundgesamtheiten beizubehalten.

Dies ist möglich, wenn man einen kleinen Kunstgriff einführt. Dieser besteht darin, daß man jedem Element der Grundgesamtheit eine Nummer zuordnet, wobei sich die Nummern nicht wiederholen dürfen. In die Urne legt man nun 10 Kugeln, die mit den Ziffern des Dezimalsystems (0, 1, 2, 3, . . . , 9) gekennzeichnet sind. Mit diesen 10 Kugeln können nun beliebig viele Elemente der Grundgesamtheit gezogen werden. Ist die Anzahl der Elemente in der Stichprobe eine mehrstellige Zahl, so kann man diese Zahl dadurch zusammensetzen, daß man die einzelnen Ziffern dieser Zahl (Einer, Zehner, Hunderter usw.) getrennt und unabhängig voneinander aus der Urne mit den 10 Kugeln zieht. Hernach setzt man die Zahl aus diesen Ziffern zusammen.

Obwohl dieses Vorgehen wesentlich einfacher ist, wird es in dieser Form in der Praxis kaum angewendet werden können. Es ist deshalb ein Verfahren zu suchen, das grundsätzlich das Vorgehen beim Urnenmodell beibehält, aber doch nicht so umständlich ist. Dieses Verfahren beruht auf sogenannten Zufallszahlen.

3.2.2. Zufallszahlen

Statt für jede Stichprobenerhebung die zur zufälligen Auswahl der Elemente notwendigen Zufallszahlen aus der Urne mit den 10 Kugeln zu bestimmen, empfiehlt es sich, eine größere Anzahl solcher Ziffern von vornherein durch Ziehung von Kugeln zu bestimmen und tabellarisch festzuhalten. Es ist dann nur noch notwendig, dieser Tabelle die notwendigen Zahlen und Ziffern zu entnehmen. Die in dieser Tabelle enthaltenen Zahlen bezeichnet man als *Zufallszahlen.*

Allerdings ist das soeben dargelegte Verfahren zur Gewinnung solcher Zufallszahlen, die auch Tippettsche Zahlen genannt werden, zwar möglich, aber nicht zweckmäßig. Es wurde deshalb versucht, auf andere Weise solche Zahlen zu gewinnen. Eine einfache Methode besteht darin, aus den Dezimalen der Konstanten π und e, die auf sehr viele Dezimalstellen berechnet worden sind, zufällig Dezimalstellen herauszugreifen. Es hat sich nämlich gezeigt, daß diese Dezimalziffern als unabhängig voneinander und nicht-periodisch betrachtet werden können.

Die in der bekannten Zufallszahlen-Tafel der RAND-Corporation (27) aufgeführten Zahlen sind in anderer Weise entstanden. Das hier benutzte Verfahren ist das sogenannte *Mittelquadrat-Verfahren.* Es besteht darin, eine bestimmte vier- oder mehrstellige Zahl zu nehmen, die nicht unbedingt eine Zufallszahl sein muß, und diese zu quadrieren. Von dieser Quadratzahl werden die mittleren vier Stellen (bei einer vierstelligen Ursprungszahl) herausgenommen und wiederum ins Quadrat erhoben. Dieser Vorgang wiederholt sich einige Male. Ein Beispiel soll dieses Verfahren veranschaulichen. Gegeben sei die Ursprungszahl 2751. Das Quadrat dieser Zahl ist 07568001. Die mittleren Stellen dieser Quadratzahl ergeben 2580. Diese Zahl wird wiederum quadriert; das Resultat ist 32262400. Die mittlere Zifferngruppe ist gleich 2624. Der dargelegte Rechengang wiederholt sich nun mehrmals.

Der Nachteil dieser Methode besteht darin, daß nach einer gewissen Anzahl Wiederholungen des Rechenganges die Ursprungszahl wieder herausspringen kann. Allerdings geschieht dies nach einer sehr großen Anzahl Wiederholungen, die zwischen 10^4 und 10^6 begriffen ist. Es ergeben sich somit gewisse Periodizitäten.

Ein weiteres Verfahren, bei welchem die Periodizitäten länger sind (etwa nach 10^{12} Rechengängen), ist das sogenannte *Kongruenz-Verfahren.* Diese von Lehmer (20) im Jahre 1951 eingeführte Methode beruht auf der folgenden Formel:

$$x_{n+1} = K x_n \pmod{m} \tag{5}$$

Gegeben ist hier die Zahl x_n. Die nächste Zufallszahl ergibt sich durch Multiplikation der Zahl x_n mit dem Faktor K und Division dieses Produktes durch m. Der Rest dieser Division ist gleich der Zahl x_{n+1}. Lehmer verwendete für die Parameter K und m die Werte 23 und $10^8 + 1$. Dadurch ergab sich eine Folge von achtstelligen Zahlen, deren Periodizität 5882352 betrug. Taussky und Todd (32) verwendeten die gleiche Methode, jedoch mit anderen Parametern, nämlich $K = 5^{17}$ und $m = 2^{42}$ und $x_n = 1$. Ihre Ergebnisse zeigten, daß die Periodizität erst nach 10^{12} Rechengängen in Erscheinung trat.

Die auf Grund solcher Verfahren entstandenen Zufallszahlen bezeichnet man als *Pseudo-Zufallszahlen,* im Gegensatz zu den auf Grund des Urnenmodells entstandenen reinen Zufallszahlen. Bei diesen reinen und Pseudo-Zufallszahlen hat jede Ziffer von 0 bis 9 die gleiche Wahrscheinlichkeit, aufzutreten. Trägt man diese 10 Ziffern auf der Abszissenachse und die entsprechenden Häufigkeiten auf der Ordinatenachse ab, so ergeben sich für alle 10 Ziffern ungefähr die gleichen Häufigkeiten. Für 500 der im Anhang angegebenen Zufallszahlen aus dem Tabellenwerk der RAND

Corporation (Zeilen 11500 bis 11509) sind die Häufigkeiten je Ziffer nachfolgend festgehalten.

Ziffern	Häufigkeiten
0	54
1	43
2	49
3	57
4	46
5	51
6	51
7	51
8	47
9	51
Zusammen	500

Diese Häufigkeiten schwanken um den Sollwert 50. Man spricht hier von einer Rechteck-Verteilung.

In vielen praktischen Fällen (vor allem im Operations Research) benötigt man aber nicht immer rechteckverteilte, sondern beispielsweise normalverteilte Zufallszahlen. Es ist also oft notwendig, rechteckverteilte in normalverteilte Zufallszahlen zu transformieren, sofern nicht solche schon in Tabellenform gegeben sind (wie in der Tafel der RAND Corporation, woraus ebenfalls eine Seite im Anhang wiedergegeben ist).

Zu diesem Zwecke trägt man die Summenfunktion der Verteilung, in welche die Zufallszahlen transformiert werden sollen, also z. B. die Summenfunktion der Normalverteilung, in ein rechtwinkliges Koordinatensystem ein, in welchem auf der Abszissenachse die transformierten Zufallszahlen abgelesen werden können und auf der Ordinatenachse die aufaddierten Wahrscheinlichkeitswerte abgetragen werden. Die rechteckverteilte Zufallszahl wird auf der Ordinatenachse gesucht. Von diesem Punkt wird eine Horizontale gezogen. Im Schnittpunkt dieser Horizontalen mit der Summenkurve wird das Lot auf die Abszissenachse gefällt. Der dabei getroffene Abszissenwert ist die transformierte Zufallszahl. Für die Normalverteilung ist dies in Abb. 2 aufgezeigt. Auf diese Weise kann man grundsätzlich Zufallszahlen für jede gewünschte Verteilung ermitteln[1].

Führt man in der Praxis eine Stichprobenerhebung durch, so hat man es stets mit einer zufällig aus allen möglichen Stichproben gleichen Umfanges aus der gleichen Grundgesamtheit ausgewählten Stichprobe zu tun.

---

[1] Nähere Angaben über solche Transformationsmethoden finden sich in Lytle (21) und Butler (4). Eine Übersicht über die Erzeugung von Zufallszahlen findet sich in Naylor-Balintfy-Burdick-Chu (25), 3. Kapitel, Seiten 43–62.

Der Erwartungswert des Ergebnisses aus dieser Stichprobe ist dann gleich dem wahren Wert dieses Parameters in der Grundgesamtheit. Es ist also

$$E(\bar{x}_s) = \bar{x}_u \tag{6}$$

Eine Stichprobe, bei der diese Beziehung erfüllt ist, nennt man eine unverzerrte (unbiased) Stichprobe. Ist aber der Erwartungswert des Stich-

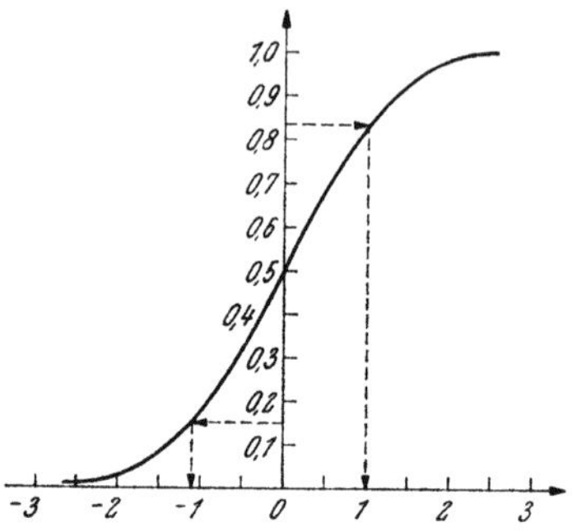

Abb. 2. Bildung von Zufallszahlen, normal verteilt

probenresultates $\bar{x}_s$ nicht gleich dem wahren Wert dieses Parameters in der Grundgesamtheit $\bar{x}_u$, besteht also die Beziehung

$$E(\bar{x}_s) = \bar{x}_u + a \tag{7}$$

wo $a \neq 0$ ist, so spricht man von einer verzerrten (biased) Stichprobe.

Man wird vermuten können, daß eine Stichprobe nicht verzerrt sein kann, denn jedem Element in der Grundgesamtheit wird die gleiche Wahrscheinlichkeit zugeordnet, in die Stichprobe aufgenommen zu werden. Oft wird aber dieses Erfordernis in der Praxis nicht erfüllt, sei es, weil die Auswahl der Elemente der Grundgesamtheit nicht sorgfältig genug durchgeführt worden ist, sei es aber, weil die Forderung der Gleichwahrscheinlichkeit nicht erfüllt werden kann. Ein solcher Fall liegt beispielsweise dann vor, wenn stichprobenweise das Durchschnittseinkommen einer Grundgesamtheit (z. B. Wohnbevölkerung eines Landes) zu ermitteln ist und wenn die Auswahl der Elemente (Personen) auf Grund des Verzeichnisses der Autobesitzer getroffen wird. In diesem Falle haben alle jene Personen, die kein Auto besitzen, keine Möglichkeit, in die Stichprobe aufgenommen zu werden. Da aber die Einkommensverhältnisse einer Person entscheidend dafür sind, ob sie ein Auto besitzt oder nicht, wäre in diesem Falle der Erwartungswert des Stichprobenresultates für den betreffenden Parameter höher als der wahre Wert dieses Parameters.

Es bestände hier also die Beziehung (7), d. h. die Stichprobe wäre also verzerrt.

Die richtige Auswahl der Elemente ist also entscheidend dafür, ob eine Stichprobe verzerrt oder unverzerrt ist. Dazu ist es aber notwendig, daß das Element genau umschrieben ist. Eine Verzerrung kann nämlich auch darin begründet sein, daß die Definition des Elementes ungenau ist. Dies wäre beispielsweise dann gegeben, wenn das Element der Haushalt ist und wenn der Begriff des Haushaltes nicht genau umschrieben ist. Auch hier könnten dann Grenzfälle von Haushaltungen unberücksichtigt gelassen werden, obwohl sie in die Stichprobe aufgenommen werden müßten.

Es sind allerdings Fälle möglich, in welchen eine verzerrte Stichprobe nicht unbedingt schlechtere Resultate liefern muß als eine unverzerrte Stichprobe. In solchen Fällen wird es unter Umständen zweckmäßig sein, eine verzerrte Stichprobe zu ziehen. Dies trifft dann zu, wenn der Stichprobenfehler bei der verzerrten Stichprobe kleiner ist als bei der unverzerrten Stichprobe und wenn gleichzeitig der Wert a in Formel (7) nicht sehr groß ist. Diese Situation ist in Abb. 3 dargestellt. Hier bezeichnet $\bar{x}_u$ den wahren Wert der Grundgesamtheit und $\bar{x}'_u$ den verzerrten Wert. Dadurch, daß der Stichprobenfehler bei der verzerrten Verteilung V_2 kleiner ist und daß die Verzerrung a nicht sehr groß ist, wird es wahrscheinlicher sein, eine verzerrte Stichprobe zu ziehen, bei welcher die Abweichung des Stichprobenresultates vom Wert $\bar{x}_u$ klein ist. Bei der unverzerrten Stichprobe jedoch wird diese Wahrscheinlichkeit nicht so hoch sein, weil hier

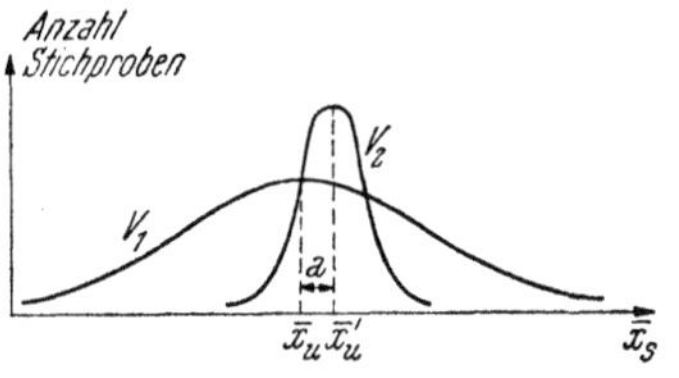

Abb. 3. Verzerrte und unverzerrte Stichprobe

die Streuung der einzelnen Stichprobenresultate um den wahren Wert $\bar{x}_u$ größer ist. Man wird also das Postulat der Gleichwahrscheinlichkeit nicht einhalten, wenn es dadurch gelingt, den Stichprobenfehler wesentlich zu verringern, sofern die dadurch eingeführte Verzerrung a nicht allzu groß ist.

Wenn auch hier eine Möglichkeit gegeben ist, die Aussagekraft einer Stichprobe zu erhöhen, so wird man gleichwohl versuchen, die Repräsentativität der Stichprobe durch die Wahl eines geeigneten Stichprobenplanes zu verbessern. Von solchen Stichprobenplänen ist im nächsten Kapitel die Rede.

4. Stichprobenpläne

4.1. Wesen des Stichprobenplanes

Der Stichprobenplan bezeichnet die Art und Weise, in welcher die einzelnen Elemente der Stichprobe der Gesamtheit entnommen werden sollen. Dabei wirkt sich die Beschaffenheit der Grundgesamtheit maßgeblich aus. Um über die Wahl des Stichprobenplanes entscheiden zu können, muß also zuerst die Beschaffenheit der Grundgesamtheit untersucht werden. Dabei ist vor allem darauf zu achten, wie die Elemente der Grundgesamtheit in ihr verteilt sind. Eine Stichprobe kann grundsätzlich als eine Teilmenge aus einer gegebenen Menge dargestellt werden. Dieses Verhältnis geht aus dem folgenden Venn-Diagramm hervor.

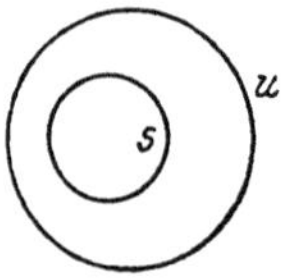

Hier bezeichnen U das Universum (Menge) und S die Stichprobe (Teilmenge). Bei einer Stichprobe ist stets

$$S \subset U, \quad S \cap U = S \text{ und } S \cup U = U.$$

Die Menge U ist nun definitionsgemäß keine Nullmenge. Sie enthält also Elemente, die sich über den Umfang der Menge U verteilen. Dabei können einzelne Teile der Menge U dichter oder weniger dicht mit Elementen besetzt sein. Weiter können bestimmte Teile der Menge U vorzugsweise mit Elementen bestimmter Art bevölkert sein. Bei der Stichprobe sind diese Gegebenheiten zu berücksichtigen. Die einfachste Stichprobe entsteht wohl dann, wenn man eine quantitativ wie auch qualitativ gleichförmige Verteilung der Elemente in der Menge U annehmen kann. In diesem Falle können die einzelnen Elemente der Stichprobe zufällig aus der Grundgesamtheit entnommen werden. Dies führt uns zum ersten und einfachsten Stichprobenplan, der einfachen Zufallsstichprobe.

Sehr oft kann die Grundgesamtheit nach Verteilung und Beschaffenheit der Elemente in bestimmte Teilgesamtheiten aufgeteilt werden, wie das folgende Diagramm zeigt.

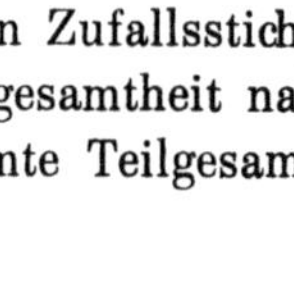

Es handelt sich hier mengentheoretisch betrachtet um eine Einteilung, worin U das Universum und T_i ($i = 1, 2, \ldots$) die einzelnen Teilgesamtheiten bezeichnen. Je nach der Art der Auswahl der Elemente in den einzelnen Teilgesamtheiten ergeben sich nun verschiedene Stichprobenpläne, wie die folgende Übersicht zeigt.

In der Grundgesamtheit	In den Teilgesamtheiten	
	alle Elemente	Stichprobe der Elemente
keine Teilgesamtheiten	V	S_1
mit Teilgesamtheiten		
alle Teilgesamtheiten	V	S_2
Stichprobe der Teilgesamtheiten	S_3	S_4

Hier bezeichnen die Buchstaben:

V Vollerhebung
S_1 einfache Zufallsstichprobe
S_2 geschichtete Stichprobe
S_3 Klumpenstichprobe
S_4 Mehrphasenstichprobe

Diese Stichprobenpläne und Spezialfälle unter ihnen sollen nachfolgend dargelegt werden, wobei mit der einfachen Zufallsstichprobe begonnen werden soll.

4.2. Einfache Zufallsstichprobe

Bei einer einfachen Zufallsstichprobe werden aus der Gesamtzahl N der Elemente in der Grundgesamtheit n Elemente zufällig herausgegriffen. Es sei dabei angenommen, daß jedem Element der Grundgesamtheit die Wahrscheinlichkeit zukommt, in die Stichprobe aufgenommen zu werden.

Um nun die Repräsentativität dieser Stichprobe beurteilen zu können, muß der Stichprobenfehler bekannt sein. Ist der zu schätzende Parameter in der Grundgesamtheit das arithmetische Mittel oder der Durchschnittswert, so ergibt sich für das Stichprobenfehler-Quadrat die früher abgeleitete Formel (4).

$$\sigma^2_{\bar{x}_s} = \frac{N-n}{N-1} \frac{\sigma^2_u}{n}$$

oder

$$\sigma^2_{\bar{x}_s} \sim \frac{N-n}{N} \frac{\sigma^2_u}{n}.$$

Führt man wiederum die Genauigkeit d und das Risiko ein, ein schlechteres Stichprobenresultat zu erhalten, als durch die Genauigkeit d vorgeschrieben ist, so ergibt sich die ebenfalls früher abgeleitete Formel (2).

$$d^2 = k^2 \frac{N-n}{N-1} \frac{\sigma_u^2}{n}$$

Der Statistiker ist nun daran interessiert, den Stichprobenumfang bei gegebener Genauigkeit und gegebenem Risiko zu berechnen. Zu diesem Zweck wird er die obige Formel nach n auflösen. Es ergibt sich dann:

$$n = \frac{(k\,\sigma_u)^2\, N}{(N-1)\, d^2 + (k\,\sigma_u)^2} \tag{8}$$

Setzt man $N - 1 \sim N$, so vereinfacht sich diese Formel:

$$n \sim \frac{(k\,\sigma_u)^2\, N}{N d^2 + (k\,\sigma_u)^2} \tag{8 a}$$

Um die Abhängigkeit zwischen dem Stichprobenumfang n und der Genauigkeit d für $k = 1, 2, 3$ und bei vorgegebenen $N = 1000$ und $\sigma_u = 1$ besser hervortreten zu lassen, ist diese Abhängigkeit für bestimmte Werte von d in der folgenden Tabelle dargestellt worden.

Genauigkeit d	Stichprobenumfang n		
	$k = 1$	$k = 2$	$k = 3$
0	1000	1000	1000 (= N)
0,02	714	909	957
0,04	385	714	849
0,06	217	526	714
0,08	135	385	584
0,10	91	286	474
0,15	42	151	286
0,20	24	91	184

Diese Resultate sind in Abb. 4 graphisch dargestellt worden.

Es zeigt sich, daß eine kleine Verringerung der Genauigkeit bei kleinen Werten von d eine starke Abnahme des Stichprobenumfanges bewirken und daß bei schlechter Genauigkeit eine Verringerung von d sich weniger stark auf den Stichprobenumfang auswirkt. Daraus folgt, daß man vor allem bei hoher Genauigkeit besonders vorsichtig planen soll. Weiter folgt die einleuchtende Tatsache, daß bei zunehmendem k, d. h. bei abnehmendem Risiko, der Stichprobenumfang zunimmt.

Sehr oft handelt es sich an Stelle von absoluten um relative Häufigkeiten, die stichprobenweise zu untersuchen sind. Die Formel für den Stichprobenumfang für absolute Häufigkeiten kann nach einigen Umformungen auch in diesem Falle verwendet werden. Zuerst muß hier die

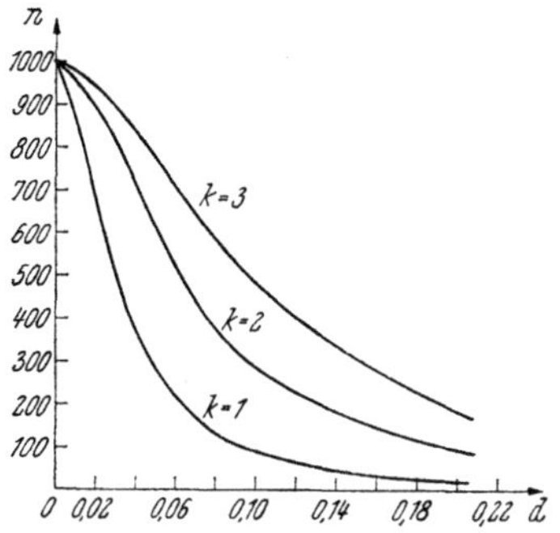

Abb. 4. Stichprobenumfang in Abhängigkeit von der Genauigkeit

Streuung σ_u^2 für relative Häufigkeiten abgeleitet werden. Bei solchen Häufigkeiten können die Merkmalswerte x_i $(i = 1, 2, \ldots N)$ nur die Zahlenwerte Null und Eins annehmen, wobei Null das Fehlen einer bestimmten Eigenschaft beim Merkmalswert und Eins das Vorhandensein dieser Eigenschaft bedeuten. Auf Grund der Definition der Streuung findet man:

$$\sigma_u^2 = \frac{1}{N-1} \sum_{i=1}^{N} (x_i - \bar{x}_u)^2$$

oder anders ausgedrückt:

$$\sigma_u^2 = \frac{1}{N-1} \left(\sum_{i=1}^{N} x_i^2 - N \bar{x}_u^2 \right).$$

Da nun bekanntlich x_i die Zahlenwerte 0 und 1 annehmen, ergibt sich

$$\sum_{i=1}^{N} x_i = \sum_{i=1}^{N} x_i^2 = A$$

wo A die Anzahl der Elemente bezeichnet, die eine bestimmte Eigenschaft aufweisen. Die relative Häufigkeit der Elemente mit dieser bestimmten Eigenschaft ist folglich:

$$p_u = \frac{A}{N}.$$

Weiter ergibt sich:

$$\bar{x}_u = \frac{1}{N} \sum_{i=1}^{N} x_i = \frac{1}{N} N p_u = p_u.$$

Diese Werte können nun in die Formel für die Streuung in der Grundgesamtheit eingesetzt werden.

$$\sigma_u^2 = \frac{1}{N-1}\left(\sum_{i=1}^{N} x_i - N\bar{x}_u^2\right) = \frac{1}{N-1}\left(N p_u - N p_u^2\right) =$$

$$= \frac{N}{N-1}\left(p_u - p_u^2\right) = \frac{N}{N-1}\, p_u\, q_u$$

wo $q_u = 1 - p_u$ ist.

Diese Beziehung wird nun in die Formel für den Stichprobenfehler eingeführt.

$$\underline{\sigma_{PS}^2} = \frac{N-n}{N-1}\,\frac{\sigma_u^2}{n} \sim \frac{N-n}{N}\,\frac{\sigma_u^2}{n} =$$

$$= \frac{N-n}{N}\,\frac{1}{n}\,\frac{N}{N-1}\, p_u\, q_u = \underline{\frac{N-n}{N-1}\,\frac{p_u\, q_u}{n}} \tag{9}$$

Wiederum kann auf Grund dieser Formel der Stichprobenumfang bei gegebener Genauigkeit und gegebenem Risiko aus der Beziehung

$$d^2 = k^2\, \sigma_{PS}^2 = k^2\, \frac{N-n}{N-1}\,\frac{p_u\, q_u}{n} \sim k^2\, \frac{N-n}{N}\,\frac{p_u\, q_u}{n}$$

berechnet werden. Löst man diese Beziehung nach n auf, so erhält man die folgende Beziehung für den Stichprobenumfang bei relativen Häufigkeiten:

$$\underline{n = \frac{N k^2\, p_u\, q_u}{N d^2 + k^2\, p_u\, q_u}} \tag{10}$$

Auf Grund dieser Formel soll der erforderliche Stichprobenumfang für das folgende Beispiel errechnet werden. Gegeben seien $N = 1000$, $p_u = 0{,}2$, $d = 0{,}05$ (d. h. 5 %) und $k = 2$ (Risiko ungefähr 5 %)[1]. Mit diesen Werten errechnet sich der erforderliche Stichprobenumfang nach Formel (10) zu

$$n = \frac{1000 \cdot 2^2 \cdot 0{,}2 \cdot 0{,}8}{1000\,(0{,}05)^2 + 2^2 \cdot 0{,}2 \cdot 0{,}8} = 241.$$

Mit einer Stichprobe von 24 % der Gesamtzahl Elemente in der Grundgesamtheit könnte also mit einem Risiko von rund 5 % eine Genauigkeit des Stichprobenergebnisses von 5 % erzielt werden.

---

[1] Bei einem Risiko von genau 5 % ergäbe sich für k der Wert 1,96.

Sehr oft muß aber nicht das arithmetische Mittel der Grundgesamtheit stichprobenweise geschätzt werden, sondern die Summe aller Merkmalswerte. Es stellt sich deshalb die Frage, wie denn in diesem Falle die Formel für den Stichprobenfehler angefaßt werden muß. Ein solches Problem würde sich beispielsweise dann stellen, wenn stichprobenweise der Lagerbestand in einer Firma ermittelt werden sollte. Die Definitionsbeziehung für das Stichprobenfehler-Quadrat für eine Summe x_{Σ} ist:

$$\sigma^2_{\Sigma x_s} = E\,(x_{\Sigma s} - x_{\Sigma u})^2$$

wo $x_{\Sigma s}$ das Stichprobenresultat für die Summe und $x_{\Sigma u}$ die Summe in der Grundgesamtheit bezeichnen. Nun ist offensichtlich:

$$x_{\Sigma s} = N\,\bar{x}_s \quad \text{und} \quad x_{\Sigma u} = N\,\bar{x}_u.$$

Setzt man diese Werte in die Beziehung für das Stichprobenfehler-Quadrat ein, so findet man:

$$\underline{\sigma^2_{\Sigma x_s}} = E\,(N\,\bar{x}_s - N\,\bar{x}_u)^2 = N^2\,E\,(\bar{x}_s - \bar{x}_u)^2 =$$

$$= \underline{N^2\,\frac{N-n}{N-1}\,\frac{\sigma^2_u}{n}} \tag{11}$$

Diese Formel soll nun zur Lösung des folgenden Problems eingesetzt werden. Für ein Lagerhaus, in welchem 1000 verschiedene Warenarten (Artikel) eingelagert sind, soll der Gesamtbestand stichprobenweise ermittelt werden. Zu diesem Zweck soll eine Stichprobe unter den 1000 gelagerten Artikeln durchgeführt werden. Eine Stichprobe von 100 Artikeln hat ergeben, daß durchschnittlich 200 Waren je Artikel gelagert sind. Daraus kann geschlossen werden, daß im Lager insgesamt

$$1000 \cdot 200 = 200\,000 \text{ Waren}$$

gelagert sind. Dieses Resultat nützt uns aber nicht viel, d. h. sein Informationsgehalt ist gering, wenn nicht der voraussichtliche Fehler dieser Schätzung angegeben werden kann. Das Quadrat des Stichprobenfehlers, d. h. also des Fehlers, der dadurch entstanden ist, daß man keine Vollerhebung, sondern nur eine Stichprobenerhebung durchgeführt hat, stellt sich nach Formel (11) auf:

$$\sigma^2_{\Sigma x_s} \sim 1000^2\,\frac{1000-100}{1000}\,\frac{\sigma^2_u}{100}$$

Eine Voruntersuchung hat, so wollen wir annehmen, gezeigt, daß sich die Streuung in der Grundgesamtheit auf $\sigma_u^2 = 10$ stellt. Mit dieser zusätzlichen Information kann nun der Stichprobenfehler berechnet werden. Er stellt sich auf 300. Setzt man voraus, daß die Ergebnisse normal verteilt sind, so ergeben sich daraus die folgenden Intervalle:

k	Risiko einer Fehlschätzung (%)	Lagerbestandsgrenzen
1	32	199 700 — 200 300
2	5	199 400 — 200 600
3	0	199 100 — 200 900

Es kann also als fast sicher angenommen werden, daß sich der Lagerbestand auf 199 100 bis 200 900 Waren stellt.

Immer wieder zeigt es sich, daß die größte Ungenauigkeit bei einer Stichprobenschätzung durch den eingesetzten Wert der Streuung in der Grundgesamtheit eingeführt wird. Diese Streuung ist in der Regel unbekannt, da ja das Universum als Ganzes nicht genau bekannt ist. Es stellt sich deshalb das Problem, eine möglichst zuverlässige Schätzung dieser Streuung durchzuführen. Diese kann darin bestehen, daß man aus früheren ähnlichen Erhebungen Schätzungen dieser Streuung kennt, die man für die in Frage stehende Stichprobenuntersuchung verwenden kann. Ist aber diese Information aus früheren Erhebungen nicht bekannt, so bleibt die Möglichkeit, diese Streuung durch eine Vorerhebung angenähert zu bestimmen. Die Streuung in dieser Vorerhebung ist nämlich eine unverzerrte Schätzung der Streuung in der Grundgesamtheit. Man kann also beispielsweise eine kleine Vor-Stichprobe durchführen und daraus eine Schätzung für die Streuung im Universum gewinnen. Man kann aber auch, was üblicher ist, diese Streuung auf Grund der durchgeführten Stichprobe ermitteln. Dadurch gelingt es uns, die durch die Streuung in der Grundgesamtheit bedingte Ungenauigkeit in erheblichem Maße zu verringern.

Jede Stichprobenerhebung ist mit Kosten verbunden. Es erhebt sich deshalb die Frage, ob es möglich ist, eine Stichprobe kostengünstig zu planen. Um diese Frage zu beantworten, müssen wir zuerst überlegen, welche Kostenfaktoren zu berücksichtigen sind. Grundsätzlich kann man annehmen, daß direkte und indirekte Kostenfaktoren zu unterscheiden sind. Der *direkte Kostenfaktor* steht in unmittelbarem Zusammenhang mit der Stichprobenerhebung. Ein Ansatz für diesen Kostenfaktor besteht darin, daß man eine mit dem Stichprobenumfang proportionale Zunahme der Kosten annimmt, d. h. also

$$C_1 = c_1 n.$$

In der Regel sind aber mit einer Stichprobenerhebung noch fixe Kosten c_0 verbunden. Berücksichtigt man auch diese Kosten, so ergibt sich die folgende Kostenfunktion für den direkten Kostenfaktor

$$\underline{C_1 = c_0 + c_1 n.} \tag{12}$$

Der *indirekte Kostenfaktor* C_2 soll sich, so wollen wir festlegen, auf die Kosten (Verluste) beziehen, die durch ein ungenaues Stichprobenergebnis entstehen können. So kann ein Statistiker beauftragt werden, eine Stichprobenuntersuchung durchzuführen, wobei aber vereinbart wird, daß für schlechte Stichprobenresultate Abzüge am Honorar gemacht werden. Dieser Kostenfaktor hängt offensichtlich vom Stichprobenfehler ab. Man kann also ganz allgemein

$$C_2 = f\,(\sigma^2_{\bar{x}_s})$$

setzen. Die einfachste Funktion f ist hier wiederum die Proportionalität, d. h.

$$C_2 = a\,\sigma^2_{\bar{x}_s}$$

oder

$$\underline{C_2 = a\,\frac{N-n}{N}\,\frac{\sigma_u^2}{n}} \tag{13}$$

Die Gesamtkosten der Stichprobenerhebung sind dann

$$\underline{C = C_1 + C_2 = c_0 + c_1 n + a\,\frac{N-n}{N}\,\frac{\sigma_u^2}{n}} \tag{14}$$

Der Stichprobenumfang, für welchen die Gesamtkosten minimal sind, bestimmt sich bekanntlich dadurch, daß man

$$\frac{dC}{dn} = 0$$

setzt. Dies ergibt

$$\frac{dC}{dn} = c_1 + a\,\frac{\sigma_u^2}{N}\left[\frac{-n-(N-n)}{n^2}\right] = 0$$

woraus sich

$$\underline{n_{\text{opt}} = \sqrt{\frac{a\,\sigma_u^2}{c_1}} = \sigma_u\sqrt{\frac{a}{c_1}}} \tag{15}$$

berechnen läßt. Der kostenoptimale Stichprobenumfang nimmt also mit der Quadratwurzel von a zu und mit der Quadratwurzel von c_1 ab. Aus der Beziehung (15) läßt sich auch das Verhältnis

$$a : c_1 = n_{\text{opt}}^2 : \sigma_u^2 \tag{15a}$$

ableiten.

Auf Grund dieser Beziehung läßt sich das Kostenverhältnis $a : c_1$ für das angeführte Beispiel des Lagerhauses bestimmen. Setzt man die in diesem Beispiel gegebenen Werte für den Stichprobenumfang und die Streuung in der Gesamtheit ein, so ergibt sich das Kostenverhältnis

$$a : c_1 = (100)^2 : 10 = 1000$$

oder

$$a = 1000\, c_1.$$

Damit der zugrunde gelegte Stichprobenumfang kostenoptimal ist, müßte der Kostenfaktor a (Kosten infolge schlechter Stichprobenergebnisse) das Tausendfache des Kostenfaktors für die Stichprobendurchführung sein. Würde also $c_1 = 0{,}01$ Fr. sein, so könnte für a der Ansatz Fr. 10,– eingesetzt werden. Würde also ein anderer Ansatz für a vereinbart, so wäre eine Stichprobe des Umfanges $n = 100$ nicht mehr kostenoptimal. In einem solchen Falle müßte die Genauigkeit des Stichprobenresultates und das Risiko wiedererwogen werden.

4.3. Geschichtete Stichprobe

4.3.1. Grundformeln

Von einer geschichteten Stichprobe spricht man dann, wenn alle Teilgesamtheiten oder Schichten in der Grundgesamtheit in die Stichprobe einbezogen werden und wenn in jeder Schicht eine Anzahl Elemente zufällig gezogen werden.

Eine geschichtete Stichprobe ist beispielsweise dann angebracht, wenn das Universum in die Teilgesamtheiten Stadt- und Landbevölkerung aufgeteilt werden kann oder wenn bei einer industriellen Erhebung die Betriebe nach Größenklassen in Schichten geordnet sind usw.

Während das wahrscheinlichkeitstheoretische Modell der einfachen Zufallsstichprobe darin besteht, daß die Grundgesamtheit durch eine Urne dargestellt wird, in welcher sich N Kugeln (Elemente) befinden, wobei n Kugeln (Elemente) zufällig herausgeholt werden, weicht das wahrscheinlichkeitstheoretische Modell der geschichteten Stichprobe davon ab.

Das Modell dieses Stichprobenproblems besteht darin, daß die Grundgesamtheit durch mehrere Urnen dargestellt wird, wobei aus jeder Urne zufällig eine Anzahl Kugeln gezogen wird. Jede Urne stellt hier also das Modell einer einfachen Zufallsstichprobe dar. Diese Feststellung ist bei der Ableitung des Stichprobenfehlers wichtig. Doch bevor auf den Stichprobenfehler für diesen Stichprobenplan eingegangen wird, müssen einige Bezeichnungen eingeführt werden.

Die Grundgesamtheit umfaßt wiederum N Elemente. Diese verteilen sich auf M Schichten, wobei sich in der Schicht i ($i = 1, 2, \ldots M$) N_i Elemente befinden. Aus jeder Schicht wird definitionsgemäß eine Stichprobe entnommen, und zwar aus der Schicht i n_i Elemente. Es bestehen offensichtlich die folgenden Beziehungen:

$$\sum_{i=1}^{M} N_i = N \quad \text{und} \quad \sum_{i=1}^{M} n_i = n.$$

Der Merkmalswert des j-ten Elementes in der i-ten Schicht ist mit x_{ij} bezeichnet ($j = 1, 2, \ldots N_i$). Der gesuchte Durchschnittswert in der Grundgesamtheit ist gleich

$$\bar{x}_u = \frac{\sum\limits_{i=1}^{M} \sum\limits_{j=1}^{N_i} x_{ij}}{\sum\limits_{i=1}^{M} N_i}$$

oder auch

$$\bar{x}_u = \frac{\sum\limits_{i=1}^{M} N_i \bar{x}_{ui}}{N} \tag{16}$$

wo

$$\bar{x}_{ui} = \frac{\sum\limits_{i=1}^{N_i} x_{ij}}{N_i}$$

den Durchschnittswert in der Grundgesamtheit für die Schicht i bezeichnet. Der entsprechende Parameter in der Stichprobe ist gleich

$$\bar{x}_s = \frac{\sum\limits_{i=1}^{M} N_i \bar{x}_{si}}{N} \tag{17}$$

wo $\bar{x}_{si}$ den Parameterwert aus der Stichprobe in der Schicht i darstellt, wobei hier n_i Elemente bezogen worden sind. Weiter ist

$$E(\bar{x}_{si}) = \bar{x}_{ui}$$

und

$$E(\bar{x}_s) = \bar{x}_u.$$

Wir wollen uns zuerst der Streuung in der Grundgesamtheit zuwenden. Diese ist gleich

$$\sigma_u^2 = \frac{1}{N} \sum_{i=1}^{M} \sum_{j=1}^{N_i} (x_{ij} - \bar{x}_u)^2 =$$

$$= \frac{1}{N} \sum_{i=1}^{M} \sum_{j=1}^{N_i} [(x_{ij} - \bar{x}_{ui}) + (\bar{x}_{ui} - \bar{x}_u)]^2 =$$

$$= \frac{1}{N} [\sum_{i=1}^{M} \sum_{j=1}^{N_i} (x_{ij} - \bar{x}_{ui})^2 + 2 \sum_{i=1}^{M} \sum_{j=1}^{N_i} (x_{ij} - \bar{x}_{ui}) (\bar{x}_{ui} - \bar{x}_u) +$$

$$+ \sum_{i=1}^{M} \sum_{j=1}^{N_i} (\bar{x}_{ui} - \bar{x}_u)^2].$$

In dieser Beziehung ist

$$\sum_{j=1}^{N_i} (x_{ij} - \bar{x}_{ui}) = 0$$

und weiter ist

$$\sum_{i=1}^{M} \sum_{j=1}^{N_i} (\bar{x}_{ui} - \bar{x}_u)^2 = \sum_{i=1}^{M} N_i (\bar{x}_{ui} - \bar{x}_u)^2.$$

Daraus folgt:

$$\sigma_u^2 = \frac{1}{N} \sum_{i=1}^{M} \sum_{j=1}^{N_i} (x_{ij} - \bar{x}_{ui})^2 + \frac{1}{N} \sum_{i=1}^{M} N_i (\bar{x}_{ui} - \bar{x}_u)^2.$$

Weiter ist

$$\sum_{j=1}^{N_i} (x_{ij} - \bar{x}_{ui})^2 = N_i \sigma_i^2$$

wo σ_i^2 die Streuung innerhalb der Schicht i bezeichnet. Dies ergibt die Beziehung

$$\underline{\sigma_u^2 = \frac{1}{N} \sum_{i=1}^{M} N_i \sigma_i^2 + \frac{1}{N} \sum_{i=1}^{M} N_i (\bar{x}_{ui} - \bar{x}_u)^2.} \qquad (18)$$

Es zeigt sich also, daß die Streuung in der Grundgesamtheit σ_u^2 aus zwei Komponenten besteht. Die erste Komponente stellt die Streuungen innerhalb der Schichten dar, während die zweite Komponente die Streuung der Durchschnittswerte in den Schichten um den Durchschnittswert in der Grundgesamtheit bezeichnen. Führt man für die erste Komponente das Symbol σ_{uw}^2 (within variance) und für die zweite Komponente das Symbol σ_{ub}^2 (between variance) ein, so ergibt sich

$$\underline{\sigma_u^2 = \sigma_{uw}^2 + \sigma_{ub}^2.} \qquad (18\,a)$$

Daraus folgt, daß bei gegebener Streuung in der Grundgesamtheit die Streuung innerhalb der Schichten klein sein wird, wenn die Streuung zwischen den Schichten groß ist, und umgekehrt.

Es gilt nun, den Stichprobenfehler für eine geschichtete Stichprobe abzuleiten. Dabei müssen wir uns an das theoretische Urnenmodell für die geschichtete Stichprobe erinnern, wonach jede Schicht durch eine Urne dargestellt ist und aus jeder Urne eine zufällige Stichprobe entnommen wird. Die Ziehungen aus den Urnen sind untereinander unabhängig. Der Wert des arithmetischen Mittels in der Grundgesamtheit ist gleich

$$\bar{x}_u = \frac{1}{N} \sum_{i=1}^{M} \sum_{j=1}^{N_i} x_{ij}.$$

Die Stichprobenschätzung dieses Parameters geschieht nun mit Hilfe der Stichprobenschätzungen aus den einzelnen Schichten $\bar{x}_{si}$. Der aus der Stichprobe gewonnene Wert $\bar{x}_s$ ist dann gleich

$$\bar{x}_s = \frac{1}{N} \sum_{i=1}^{M} N_i \bar{x}_{si}.$$

Für das Stichprobenfehler-Quadrat dieser Schätzung ergibt sich der folgende Ausdruck

$$\begin{aligned} \underline{\sigma^2_{\bar{x}_s}} &= \frac{1}{N^2} \sum_{i=1}^{M} N_i^2 \sigma^2_{\bar{x}_{si}} = \\ &= \frac{1}{N^2} \sum_{i=1}^{M} N_i^2 \frac{N_i - n_i}{N_i} \frac{\sigma^2_{ui}}{n_i} = \\ &= \frac{1}{N^2} \sum_{i=1}^{M} \frac{N_i - n_i}{N_i} \frac{(N_i \sigma_{ui})^2}{n_i} = \\ &= \underline{\frac{1}{N^2} \sum_{i=1}^{M} N_i^2 \frac{\sigma^2_{ui}}{n_i} - \frac{1}{N^2} \sum_{i=1}^{M} N_i \sigma^2_{ui}}. \end{aligned} \tag{19}$$

In dieser Formel stellt der erste Ausdruck das Stichprobenfehler-Quadrat dar, wenn der Faktor

$$\frac{N_i - n_i}{N_i - 1} = 1$$

ist, d. h. also das Stichprobenfehler-Quadrat für $N_i \to \infty$. Der zweite Ausdruck in der Formel (19) kann dann als Korrekturglied hinsichtlich dieser Annahme ($N_i \to \infty$) aufgefaßt werden. Das Stichprobenfehler-Quadrat für eine geschichtete Stichprobe kann aber auch durch die folgende Formel gekennzeichnet werden:

$$\underline{\sigma^2_{\bar{x}_s} = \frac{1}{N^2} \sum_{i=1}^{M} N_i (N_i - n_i) \frac{\sigma^2_{ui}}{n_i}} \tag{19a}$$

Ist n_i sehr viel kleiner als N_i, so daß $N_i - n_i \sim N_i$ gesetzt werden kann, so ergibt sich aus der Formel (19a) das erste Glied in Formel (19).

Da nun wiederum $\sigma^2_{u\,i}$ in der Regel unbekannt ist, kann dieser Wert aus einer früheren gleichen Stichprobe übernommen oder aber aus der Stichprobe durch die Beziehung

$$\sigma^2_{u\,i} = \frac{1}{n_i - 1} \sum_{j=1}^{n_i} (x_{ij} - \bar{x}_{s\,i})^2$$

ermittelt werden.

Die beiden Formeln für das Stichprobenfehler-Quadrat zeigen, daß dieses bei konstanten Werten für N, N_i und n_i mit zunehmender Streuung in der Schicht zunimmt und umgekehrt kleiner wird, wenn die Streuung in der Schicht sich verringert. Aus der Beziehung (18a) folgt aber, daß bei kleiner Streuung innerhalb der Schicht die Streuung zwischen den Schichten groß sein wird. Daraus leitet sich der Grundsatz für geschichtete Stichproben ab, wonach darauf zu achten ist, daß die Streuung innerhalb der Schicht in der Grundgesamtheit kleiner sein sollte als die Streuung zwischen den Schichten. Anders ausgedrückt heißt dies, daß eine geschichtete Stichprobe dann zu empfehlen ist, wenn die Schichten in sich möglichst homogen und unter sich möglichst inhomogen sind.

Wird die Stichprobe dazu verwendet, um eine Summe zu schätzen, so muß auch hier die Formel für den Stichprobenfehler angepaßt werden. Auf Grund von Formel (11) ist in diesem Falle der Stichprobenfehler mit N^2 zu multiplizieren. Daraus folgt das Stichprobenfehler-Quadrat für geschichtete Stichproben bei Summenschätzungen, für welches die folgende Beziehung gilt:

$$\underline{\sigma^2_{\Sigma x_s} = \sum_{i=1}^{M} N_i^2 \frac{\sigma^2_{u\,i}}{n_i} - \sum_{i=1}^{M} N_i\, \sigma^2_{u\,i}} \tag{20}$$

bzw.

$$\underline{\sigma^2_{\Sigma x_s} = \sum_{i=1}^{M} N_i\,(N_i - n_i)\, \frac{\sigma^2_{u\,i}}{n_i}} \tag{20a}$$

4.3.2. Aufteilung der Stichprobe

Bei der geschichteten Stichprobe ist der gesamte Stichprobenumfang auf die einzelnen Schichten zu verteilen. Es handelt sich hier folglich darum, den gesamten Stichprobenumfang in zweckmäßiger Weise auf die einzelnen Schichten aufzuteilen. Abgesehen von der nicht üblichen gleichmäßigen Aufteilung des gesamten Stichprobenumfanges auf die einzelnen Schichten sind hier zwei Verfahren zu unterscheiden, nämlich die proportionale Aufteilung und die optimale Aufteilung nach Neyman.

4.3.2.1. Proportionale Aufteilung

Bei der proportionalen Aufteilung des gesamten Stichprobenumfanges auf die einzelnen Schichten geht man von der Überlegung aus, daß aus großen Schichten in der Grundgesamtheit auch große Stichproben und aus kleinen Schichten kleine Stichproben entnommen werden sollten. Dadurch ordnet man großen Schichten ein größeres Gewicht in der Stichprobe zu als kleineren Schichten. Es wird also vermieden, daß allen Schichten (ob groß oder klein) die gleiche Bedeutung für die Stichprobe zukommt, was zu einer gleichmäßigen Verteilung des gesamten Stichprobenumfanges auf die einzelnen (sehr oft ungleich großen) Schichten führen würde.

Die Grundformel für die proportionale Aufteilung ist folglich:

$$\underline{\frac{n_i}{N_i} = \frac{n}{N}} \tag{21}$$

Da nun N, N_i und n bekannt sind, läßt sich aus dieser Proportion der Stichprobenumfang für die Schicht i bestimmen. Der prozentuale Umfang der Stichproben in den einzelnen Schichten ist also für jede Schicht gleich und gleich dem prozentualen Anteil der gesamten Stichprobe in der Grundgesamtheit.

Aus der Beziehung (21) kann beispielsweise n_i berechnet und dieser Ausdruck in die Stichprobenfehler-Formel für die geschichtete Stichprobe eingesetzt werden. Dadurch wird n_i aus der Formel für den Stichprobenfehler eliminiert. Diese Substitution führt zur folgenden Formel:

$$\begin{aligned}
\underline{\sigma^2_{\bar{x}_{s\,pr}}} &= \frac{1}{N^2} \sum_{i=1}^{M} N_i^2 \frac{\sigma^2_{u_i}}{\frac{n}{N} N_i} - \frac{1}{N^2} \sum_{i=1}^{M} N_i \sigma^2_{u_i} = \\
&= \frac{1}{N^2} \sum_{i=1}^{M} N N_i \frac{\sigma^2_{u_i}}{n} - \frac{1}{N^2} \sum_{i=1}^{M} N_i \sigma^2_{u_i} = \\
&= \frac{1}{Nn} \sum_{i=1}^{M} N_i \sigma^2_{u_i} - \frac{1}{N^2} \sum_{i=1}^{M} N_i \sigma^2_{u_i} = \\
&= \left(\frac{1}{Nn} - \frac{1}{N^2}\right) \sum_{i=1}^{M} N_i \sigma^2_{u_i} = \\
&= \underline{\frac{1}{N^2} \left(\frac{N-n}{n}\right) \sum_{i=1}^{M} N_i \sigma^2_{u_i}}
\end{aligned} \tag{22}$$

Bei einer geschichteten Stichprobe mit proportionaler Aufteilung kann also statt der Formeln (19) oder (19 a) die Formel (22) eingesetzt werden.

4.3.2.2. Optimale Aufteilung nach Neyman

Die proportionale Aufteilung berücksichtigt nur die unterschiedlichen Größen der einzelnen Schichten. Diese können aber auch hinsichtlich der Streuung in den einzelnen Schichten verschieden sein. Zudem ist es denkbar, daß die Erhebungskosten für die einzelnen Schichten unterschiedlich sind. In solchen Fällen ist die proportionale Aufteilung nicht zu empfehlen, sondern es muß eine Aufteilung gesucht werden, die sowohl die unterschiedliche Streuung in den einzelnen Schichten als auch die verschiedenen Erhebungskosten in diesen Schichten berücksichtigt.

Um eine solche Aufteilung ableiten zu können, muß zuerst eine geeignete Kostenfunktion angenommen werden. Es soll unterstellt werden, daß sich die Erhebungskosten aus zwei Kostenbestandteilen zusammensetzen, nämlich fixe Kosten c_0, die von der Größe der Stichprobe unabhängig sind, und variable Kosten, die von der Größe der Stichproben aus den einzelnen Schichten beeinflußt werden. Dabei soll vereinfachend Proportionalität dieses Kostenbestandteils hinsichtlich des Stichprobenumfanges in den einzelnen Schichten zugrunde gelegt werden. Die Erhebungskosten stellen sich demnach – analog zu Formel (12) – auf:

$$C = c_0 + \sum_{i=1}^{M} c_i n_i \tag{23}$$

Da nun der fixe Kostenbestandteil definitionsgemäß vom Stichprobenumfang nicht abhängt, kann diese Kostenfunktion auch folgendermaßen geschrieben werden:

$$K = C - c_0 = \sum_{i=1}^{M} c_i n_i \tag{23 a}$$

Es geht nun darum, die Stichprobe derart auf die einzelnen Schichten zu verteilen, daß bei gegebenen Erhebungskosten (Kostenbudget) der Stichprobenfehler am kleinsten wird. Es handelt sich hier also um ein Minimumproblem, wobei allerdings eine lineare Restriktion (Kostenfunktion) mitzuberücksichtigen ist. Dieses Problem kann nach der Methode von Lagrange gelöst werden.

Gegeben sind also die Stichprobenfunktion

$$\sigma^2_{\bar{x}_s} = \frac{1}{N^2} \sum_{i=1}^{M} N_i (N_i - n_i) \frac{\sigma^2_{u_i}}{n_i}$$

und die Kostenfunktion

$$K = \sum_{i=1}^{M} c_i n_i .$$

Die Stichprobenfunktion ist also unter der Bedingung der Kostenfunktion zu minimisieren. Nach der Methode von LAGRANGE bildet man aus diesen beiden Funktionen die folgende Funktion:

$$F = \frac{1}{N^2} \sum_{i=1}^{M} N_i (N_i - n_i) \frac{\sigma_{u_i}^2}{n_i^2} + \lambda \left(\sum_{i=1}^{M} c_i n_i - K \right) \tag{24}$$

In dieser Funktion wurde ein mit λ, dem Lagrange-Multiplikator, multipliziertes Glied addiert, das aber gleich Null ist. Dadurch wurde die Restriktion (Kostenfunktion) in die Stichprobenfehler-Funktion eingeführt, ohne diese größenmäßig zu verändern. Nun muß man die erste Ableitung der Funktion F nach n_i bilden und diese gleich Null setzen. Dies ergibt die folgende Beziehung:

$$\frac{dF}{dn_i} = \frac{1}{N^2} \left(-N_i^2 \frac{\sigma_{u_i}^2}{n_i^2} \right) + \lambda c_i = 0$$

woraus n_i berechnet werden kann. Das Ergebnis lautet:

$$n_i = \frac{N_i}{N} \frac{\sigma_{u_i}^2}{\sqrt{c_i}} \frac{1}{\sqrt{\lambda}} \tag{25}$$

Summiert man nun beide Seiten dieser Beziehung über alle Schichten, so ergibt sich:

$$\sum_{i=1}^{M} n_i = n = \frac{1}{N\sqrt{\lambda}} \sum_{i=1}^{M} \frac{N_i \sigma_{u_i}}{\sqrt{c_i}} \tag{25 a}$$

Aus den beiden Beziehungen (25) und (25 a) kann man nun den Lagrange-Multiplikator eliminieren.

$$n_i = \frac{N_i}{N} \frac{\sigma_{u_i}}{\sqrt{c_i}} \frac{n N}{\sum_{i=1}^{M} \frac{N_i \sigma_{u_i}}{\sqrt{c_i}}} =$$

$$= n \frac{N_i \sigma_{u_i}}{\sqrt{c_i}} \frac{1}{\sum_{i=1}^{M} \frac{N_i \sigma_{u_i}}{\sqrt{c_i}}}$$

oder

$$n_i = n \frac{N_i \sigma_{u_i} / \sqrt{c_i}}{\sum_{i=1}^{M} N_i \sigma_{u_i} / \sqrt{c_i}} \tag{26}$$

Teilt man den Stichprobenumfang nach Formel (26) auf die einzelnen Schichten auf, so wird bei gegebenen Erhebungskosten der Stichprobenfehler am kleinsten. Dieser Formel ist zu entnehmen, daß aus Schichten, für welche N_i oder σ_{u_i} groß sind, d. h. aus großen oder auch inhomogenen Schichten, mehr Elemente in die Stichprobe aufgenommen werden müssen.

Setzt man nun den Wert für n_i aus Formel (26) in die Formel für das Stichprobenfehler-Quadrat ein, so findet man die Beziehung für das minimale Stichprobenfehler-Quadrat.

$$\underline{\sigma^2_{\bar{x}_s \text{opt}}} = \frac{1}{N^2} \sum_{i=1}^{M} N_i^2 \sigma^2_{u_i} \frac{1}{n} \frac{\sum_{i=1}^{M} N_i \sigma_{u_i}/\sqrt{c_i}}{N_i \sigma_{u_i}/\sqrt{c_i}} - \frac{1}{N^2} \sum_{i=1}^{M} N_i \sigma^2_{u_i} =$$

$$\underline{= \frac{1}{N^2} \frac{1}{n} \left(\sum_{i=1}^{M} N_i \sigma_{u_i} \sqrt{c_i} \right) \left(\sum_{i=1}^{M} \frac{N_i \sigma_{u_i}}{\sqrt{c_i}} \right) - \frac{1}{N^2} \sum_{i=1}^{M} N_i \sigma^2_{u_i}} \tag{27}$$

Bestehen zwischen den Schichten *keine Unterschiede der Erhebungskosten,* ist also $c_i =$ konst, so vereinfachen sich die angegebenen Formeln. Die Formel für die optimale Aufteilung bei konstanten Erhebungskosten in den einzelnen Schichten kann aus Formel (26) direkt abgeleitet werden. Es ergibt sich nämlich:

$$\underline{n_i = n \frac{N_i \sigma_{u_i}}{\sum_{i=1}^{M} N_i \sigma_{u_i}}} \tag{28}$$

Das entsprechende Stichprobenfehler-Quadrat ist dann gemäß Formel (27):

$$\underline{\sigma^2_{\bar{x}_s \text{opt}} = \frac{1}{N^2} \frac{1}{n} \left(\sum_{i=1}^{M} N_i \sigma_{u_i} \right)^2 - \frac{1}{N^2} \sum_{i=1}^{M} N_i \sigma^2_{u_i}} \tag{29}$$

Sind relative Häufigkeiten stichprobenweise zu schätzen, so muß in die Formel für den Stichprobenfehler bei geschichteter Stichprobe wiederum die Streuung $\sigma^2_{u_i}$ durch die Beziehung

$$\sigma^2_{u_i} = \frac{N_i}{N_i - 1} p_i q_i$$

ersetzt werden [Formel (9)]. Führt man diesen Ausdruck in die Formel für den Stichprobenfehler bei geschichteten Stichproben ein, so ergibt sich

$$\underline{\sigma^2_{p_s}} = \frac{1}{N^2} \sum_{i=1}^{M} N_i (N_i - n_i) \frac{N_i}{N_i - 1} \frac{p_i q_i}{n_i} =$$

$$\underline{= \frac{1}{N^2} \sum_{i=1}^{M} N_i^2 \frac{N_i - n_i}{N_i - 1} \frac{p_i q_i}{n_i}} \tag{30}$$

Die optimale Stichprobenaufteilung ergibt sich, wenn in Formel (26) ebenfalls die Beziehung $\sigma^2_{p u_i}$ eingeführt wird.

$$n_i = n \frac{N_i \sqrt{\frac{N_i}{N_i - 1} \frac{p_i q_i}{c_i}}}{\sum_{i=1}^{M} N_i \sqrt{\frac{N_i}{N_i - 1} \frac{p_i q_i}{c_i}}}$$

oder

$$n_i = n \frac{\sqrt{\frac{N_i^3}{N_i - 1} \frac{p_i q_i}{c_i}}}{\sum_{i=1}^{M} \sqrt{\frac{N_i^3}{N_i - 1} \frac{p_i q_i}{c_i}}} \tag{31}$$

Setzt man hier $N_i - 1 \sim N_i$, so vereinfacht sich diese Formel:

$$n_i \sim n \frac{N_i \sqrt{\frac{p_i q_i}{c_i}}}{\sum_{i=1}^{M} N_i \sqrt{\frac{p_i q_i}{c_i}}} \tag{31 a}$$

Auf Grund der bekannten Formel

$$d^2 = k^2 \sigma^2_{\bar{x}_s}$$

können nun die Stichprobenumfänge für die einzelnen Aufteilungen (proportionale, optimale) für gegebene Werte von d und k bestimmt werden. Zu diesem Zweck setzt man die einzelnen Stichprobenfehler für bestimmte Aufteilungen in die angeführte Beziehung ein und löst diese nach n auf. Auf diese Weise ergeben sich die folgenden Stichprobenumfänge:

proportionale Aufteilung:

$$\sigma^2_{\bar{x}_s} = \left(\frac{d}{k}\right)^2 = Q^2$$

$$\sigma^2_{\bar{x}_s} = Q^2 = \frac{1}{N^2} \frac{N - n}{n} \sum_{i=1}^{M} N_i \sigma^2_{u_i}$$

$$n_p = \frac{N \sum_{i=1}^{M} N_i \sigma^2_{u_i}}{N^2 Q^2 + \sum_{i=1}^{M} N_i \sigma^2_{u_i}} \tag{32}$$

optimale Aufteilung:

bei Berücksichtigung der Erhebungskosten je Schicht:

$$n_{01} = \frac{\left(\sum_{i=1}^{M} N_i\,\sigma_{u_i}\sqrt{c_i}\right)\left(\sum_{i=1}^{M} \frac{N_i\,\sigma_{u_i}}{\sqrt{c_i}}\right)}{N^2 Q^2 + \sum_{i=1}^{M} N_i\,\sigma_{u_i}^2} \tag{32 a}$$

ohne Berücksichtigung der Erhebungskosten je Schicht:

$$n_{02} = \frac{\left(\sum_{i=1}^{M} N_i\,\sigma_{u_i}\right)^2}{N^2 Q^2 + \sum_{i=1}^{M} N_i\,\sigma_{u_i}^2}$$

Ein praktisches Beispiel soll den Einsatz dieser Beziehungen aufzeigen. Eine Grundgesamtheit, die 1000 Elemente umfaßt, ist in fünf Schichten aufgeteilt. Die Verteilung der Gesamtzahl der Elemente im Universum auf die einzelnen Schichten ist in der folgenden Übersicht zusammengestellt.

Schichten	N_i
1	420
2	250
3	130
4	50
5	150
Zusammen	1000

(32 b)

Die für die Auswertung der einzelnen Formeln notwendigen Zahlenwerte sind nachfolgend zu finden.

Schichten	σ_{u_i}	$\sigma_{u_i}^2$	c_i	$N_i\,\sigma_{u_i}$	$N_i\,\sigma_{u_i}^2$	$N_i\,\sigma_{u_i}\sqrt{c_i}$	$\frac{N_i\,\sigma_{u_i}}{\sqrt{c_i}}$
1	10	100	0,10	4 200	42 000	1331,4	13 314
2	15	225	0,30	3 750	56 250	2055,0	6 850
3	35	1225	0,05	4 550	159 250	1019,2	20 384
4	20	400	1,00	1 000	20 000	1000,0	1 000
5	5	25	2,00	750	3 750	1060,5	530,2
Zusammen	·	·	·	14 250	281 250	6466,1	42 078,2

Auf Grund dieser Zahlenangaben können nun die Stichprobenumfänge in den einzelnen Schichten bestimmt werden. Vorerst aber muß der gesamte Stichprobenumfang n auf Grund der Formeln (32), (32 a) und (32 b) ermittelt werden. Setzt man die in der oben angeführten Tabelle ermittelten Werte in diese Formeln ein, so ergeben sich die folgenden Resultate ($d = 0{,}5$, $k = 2$):

Gesamter Stichprobenumfang bei:

proportionaler Aufteilung . . . . $n_p = 818$

optimaler Aufteilung (mit Kosten) . . . . $n_{o1} = 762$

optimaler Aufteilung (ohne Kosten) . . . . $n_{o2} = 591$

Auf Grund dieser Angaben kann nun die Aufteilung der Gesamtzahl der Elemente in den Stichproben auf die einzelnen Schichten nach den Formeln (21), (26) und (28) durchgeführt werden.

Stichprobenumfang je Schicht

Schichten	Aufteilung		
	proportional	optimal (mit Kosten)	optimal (ohne Kosten)
1	344	241	174
2	204	124	156
4	106	369	189
4	41	18	41
5	123	10	31
Zusammen	818	762	591

Der Vergleich dieser Aufteilungen zeigt, daß bei optimaler Aufteilung in Schichten mit tiefen Erhebungskosten (Schicht 3) wesentlich mehr Elemente in die Stichprobe einbezogen werden als bei proportionaler Aufteilung, während aus Schichten mit hohen Erhebungskosten weniger große Stichproben gezogen werden.

Nimmt man aber an, daß die Erhebungskosten in allen Schichten gleich sind, so ergibt sich eine weitere Aufteilung, die ebenfalls in der oben aufgezeigten Übersicht angeführt ist. Wie ersichtlich, stellt sich der kleinste Stichprobenumfang dann ein, wenn die Erhebungskosten in den einzelnen Schichten unter sich gleich sind.

In bestimmten praktischen Fällen wird man zweckmäßigerweise die geschichtete Stichprobe mit einer Vollerhebung verbinden. Dies wird sich vor allem dann empfehlen, wenn einzelne Schichten wenig Elemente enthalten, die sich aber sehr stark auf das Resultat der Stichprobenerhebung auswirken werden. Will man beispielsweise stichprobenweise das gesamte steuerbare Einkommen in einem Lande bestimmen, so wird man die

Steuerpflichtigen nach der Höhe ihrer Einkommen in Klassen (Schichten) aufteilen. Es wird sich nun empfehlen, aus den Klassen mit Zesiten, die über ein hohes Einkommen verfügen, keine Stichprobe zu entnehmen, sondern hier eine Vollerhebung durchzuführen. Dies ist ja um so mehr gerechtfertigt, als erfahrungsgemäß diese Klassen sehr wenig Zensiten umfassen. Würde man hier eine Stichprobe durchführen, so würde das Gesamtergebnis dadurch stark verzerrt, daß man einige Steuerpflichtige mit sehr hohen Einkommen in der Schichten-Stichprobe zufälligerweise nicht berücksichtigt hat.

In diesem Zusammenhang stellt sich die Frage, von welcher Schicht an eine Vollerhebung durchzuführen ist, damit Kostenaufwand und Genauigkeit des Stichprobenergebnisses in einem optimalen Verhältnis zueinander stehen. Es sind hier nämlich die beiden Extremalfälle möglich, daß einerseits eine vollständige Stichprobenerhebung oder andrerseits eine vollständige Vollerhebung durchgeführt wird. Im ersten Falle ist der Kostenaufwand wohl am kleinsten; aus den oben angeführten Überlegungen dürfte aber die Wahrscheinlichkeit eines Fehlresultates ziemlich groß sein. Im zweiten Falle hingegen wird der Kostenaufwand am größten und die Fehlerwahrscheinlichkeit am kleinsten sein. Zwischen diesen beiden Extremalfällen muß sich nun eine günstige Lösung befinden.

In einer Arbeit aus dem Jahre 1956 ist dieses Problem untersucht worden[1]. Der Kern der Untersuchung besteht darin, daß der Stichprobenfehler als ein Kostenbestandteil aufgefaßt wird, und daß die Streuung in der Grundgesamtheit als eine Funktion der Anzahl Elemente in jenem Teil der Grundgesamtheit aufgefaßt wird, aus welchem eine Stichprobe entnommen wird. Setzt man für diese Funktion den Ausdruck

$$f(N_1) = c\,N_1^{d/2}$$

ein, und führt man die Kostenfunktionen

$C_1 = a\,n$ (Kosten der Stichprobenerhebung),

$C_2 = a\,N_2$ (Kosten der Vollerhebung),

$C_3 = b\,\sigma_s^2$ (wo σ_s^2 der Stichprobenfehler ist),

so ergeben sich für die optimale Anzahl der Elemente in der Grund-

---

[1] Billeter, Ernst P.: Optimum Design in Mixed Sampling Plans (Revue de l'Institut International de Statistique, Bd. 24, Heft 1/3, 1956, S. 73–76). In dieser Arbeit wurde einfachheitshalber das Universum in zwei Teile aufgespalten, wobei aus dem einen Teil eine einfache Zufallsstichprobe gezogen und der andere Teil vollständig erhoben wird. Der Fall einer geschichteten statt einer einfachen Zufallsstichprobe kann abgeleitet werden, wenn man den der geschichteten Stichprobe entsprechenden Stichprobenfehler in die Ableitung einsetzt.

gesamtheit, aus welcher die Stichprobe entnommen wird, die folgenden Beziehungen:

$$N_{1\,\mathrm{opt}} = \sqrt[d]{\frac{a}{b\,c^2\,(1+d)^2}} \quad \text{und} \quad N_{1\,\mathrm{opt}} = \sqrt[2(d+1)]{\frac{b}{a}}$$

Die Extremalfälle $N_1 = 0$ (vollständige Vollerhebung) und $N_1 = N$ (vollständige Stichprobe) ergeben sich aus der in der erwähnten Arbeit abgeleiteten Beziehung

$$F = f(N_1) + N_1 f'(N_1) + \sqrt{[N_1 f'(N_1)]^2} \tag{33}$$

Ist

$$F < \sqrt{\frac{a}{b}}, \text{ dann wird } N_1 \to \infty, \text{ d. h. } N_1 = N,$$

ist aber

$$F > \sqrt{\frac{a}{b}}, \text{ dann wird } N_1 = 0.$$

Ein Spezialfall der geschichteten Stichprobe entsteht dann, wenn je Schicht nur ein einziges Element in die Stichprobe einbezogen wird und wenn zudem noch diese ausgewählten Elemente in einer vorgegebenen regelmäßigen Ordnung gezogen werden. Wir haben es dann mit der systematischen Stichprobe zu tun, die im nächsten Abschnitt etwas eingehender betrachtet werden soll.

4.3.3. Systematische Stichprobe

Der Stichprobenplan der systematischen Stichprobe wird in der Praxis sehr häufig verwendet, da dieser einfach zu verwirklichen ist. Liegt beispielsweise das Universum als Kartei vor, so wird man vorzugsweise eine bestimmte Karteikarte zufällig herausgreifen und die folgenden in die Stichprobe fallenden Karten in regelmäßigem Abstand zur vorhergezogenen Karte wählen. Dieses Vorgehen entspricht der systematischen Stichprobe. Das vereinfachte Modell dieses Stichprobenplanes ist in der folgenden Zeichnung dargelegt.

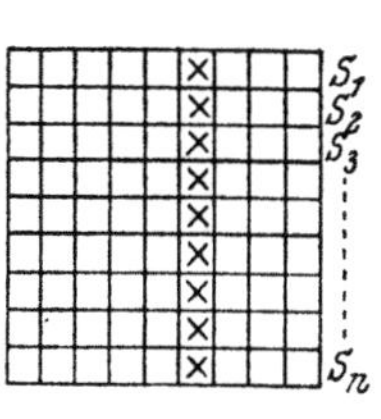

Hier ist die Grundgesamtheit als Rechteck dargestellt. Sie ist in eine Anzahl Schichten, $S_1, S_2, \ldots S_n$, aufgeteilt. In jeder Schicht befinden sich gleich viele Elemente. Eine Ausnahme kann die letzte Schicht, S_n, bilden, sofern die Anzahl der Elemente in der Grundgesamtheit N kein ganzes Vielfaches der Anzahl Schichten n ist. Da nun aus jeder Schicht nur ein Element gezogen wird, ist die Anzahl der Schichten gleich dem Stichprobenumfang. Auf Grund dieser Tatsache läßt sich nun aus der Gesamtzahl der Elemente in der Grundgesamtheit N und dem Stichprobenumfang n die Anzahl Elemente je Schicht berechnen. Diese ist gleich

$$k = \frac{N}{n}.$$

Wenn nun diese Zahl k nicht ganzzahlig ist, wird die nächstgrößere ganze Zahl gewählt, die uns dann die Anzahl Elemente in den einzelnen Schichten, außer der letzten Schicht, angibt. Die letzte Schicht besteht dann noch aus den übrigen Elementen. Ist beispielsweise die Gesamtzahl der Elemente im Universum gleich 1000 und der Stichprobenumfang 30, so wird

$$k = \frac{1000}{30} = 33{,}33\,.. \tag{34}$$

in diesem Falle nimmt man je Schicht (außer der letzten) 34 Elemente an. In der letzten Schicht befinden sich dann noch 14 Elemente. Die Zahl der Schichten ist gleich dem Stichprobenumfang n, d. h. gleich 30. Von diesen umfassen 29 Schichten je 34 Elemente und die letzte Schicht deren 14.

Bei dieser Stichprobe wir man nun unter den ersten 34 Elementen eines zufällig auswählen. Von diesem ausgehend, wird man dann in systematischer Weise jedes 34. Element in die Stichprobe aufnehmen. Würde die zufällige Wahl des ersten Elementes auf das 17. Element fallen, so müßte man als nächstes Element das 51., dann das 85. Element usw. in die Stichprobe nehmen.

Die Anzahl Elemente je Schicht (u. U. die letzte Schicht ausgenommen) ist k (im angeführten Beispiel war $k = 34$). Daraus folgt, daß bei der systematischen Stichprobe insgesamt k verschiedene Stichproben möglich sind. Die Wahrscheinlichkeit, eine dieser möglichen systematischen Stichproben zu wählen, ist folglich $1/k$. Das arithmetische Mittel aus der i-ten Stichprobe ($i = 1, 2, \ldots k$) ist $\bar{x}_i$. Dieser Mittelwert ist aber bekanntlich gleich

$$\bar{x}_i = \frac{1}{n} \sum_{i=1}^{n} x_{ij} \qquad (j = 1, 2, \ldots n)$$

Der Erwartungswert bei der systematischen Stichprobe ist aber

$$E\,(\bar{x}_s) = \frac{1}{k} \sum_{i=1}^{k} \bar{x}_i.$$

Setzt man in diese Beziehung den Wert für $\bar{x}_i$ ein, so ergibt sich

$$E(\bar{x}_s) = \frac{1}{k} \sum_{i=1}^{k} \frac{1}{n} \sum_{j=1}^{n} x_{ij} = \frac{1}{k} \frac{1}{n} \sum_{i=1}^{k} \sum_{j=1}^{n} x_{ij} = \bar{x}_u .$$

Der Erwartungswert bei der systematischen Stichprobe ist also gleich dem Wert in der Grundgesamtheit, d. h. die systematische Stichprobe liefert unverzerrte Ergebnisse.

Um den Stichprobenfehler bei der systematischen Stichprobe zu bestimmen, muß man sich in Erinnerung rufen, daß dieser die Quadratwurzel aus der Streuung aller Stichprobenresultate um den zu schätzenden Wert in der Grundgesamtheit ist. Wie schon erwähnt, sind insgesamt k verschiedene Stichproben möglich, von welchen aber nur eine bekannt ist. Es ist also

$$\sigma^2_{\bar{x}\,sy} = \frac{1}{k} \sum_{i=1}^{k} (\bar{x}_i - \bar{x}_u)^2 \tag{35}$$

Diese Formel ist nun nicht auswertbar. Sie ist also derart umzuformen, daß sie für praktische Zwecke verwendet werden kann. Die Ableitung sei nachfolgend dargelegt.

Bekanntlich ist:

$$\sum_{i=1}^{k} \sum_{j=1}^{n} (x_{ij} - \bar{x}_u)^2 = \sum_{i=1}^{k} \sum_{j=1}^{n} [(x_{ij} - \bar{x}_i) + (\bar{x}_i - \bar{x}_u)]^2 =$$

$$= \sum_{i=1}^{k} \sum_{j=1}^{n} [(x_{ij} - \bar{x}_i)^2 + 2\,(x_{ij} - \bar{x}_i)\,(\bar{x}_i - \bar{x}_u) + (\bar{x}_i - \bar{x}_u)^2] =$$

$$= \sum_{i=1}^{k} \sum_{j=1}^{n} (x_{ij} - \bar{x}_i)^2 + 2 \sum_{i=1}^{k} \sum_{j=1}^{n} (x_{ij} - \bar{x}_i)\,(\bar{x}_i - \bar{x}_u) + \sum_{i=1}^{k} \sum_{j=1}^{n} (\bar{x}_i - \bar{x}_u)^2 .$$

Das zweite Glied dieses Ausdruckes ist aber gleich Null, weil in

$$2 \sum_{i=1}^{k} [(\bar{x}_i - \bar{x}_u) \sum_{j=1}^{n} (x_{ij} - \bar{x}_i)]$$

die Summe

$$\sum_{j=1}^{n} (x_{ij} - \bar{x}_i) = 0$$

auf Grund der Definition des arithmetischen Mittels. Dadurch vereinfacht sich der obige Ausdruck.

$$\sum_{i=1}^{k} \sum_{j=1}^{n} (x_{ij} - \bar{x}_u)^2 = \sum_{i=1}^{k} \sum_{j=1}^{n} (x_{ij} - \bar{x}_i)^2 + \sum_{i=1}^{k} \sum_{j=1}^{n} (\bar{x}_i - \bar{x}_u)^2 \tag{36}$$

Nun ist weiter:

$$\sum_{i=1}^{k} \sum_{j=1}^{n} (\bar{x}_i - \bar{x}_u)^2 = n \sum_{i=1}^{k} (\bar{x}_i - \bar{x}_u)^2$$

da im Klammerausdruck keine Summation über j vorkommt, der Ausdruck also mit n multipliziert werden muß. Setzt man diesen Ausdruck in Formel (36) ein, so ergibt sich:

$$\sum_{i=1}^{k} \sum_{j=1}^{n} (x_{ij} - \bar{x}_u)^2 = \sum_{i=1}^{k} \sum_{j=1}^{n} (x_{ij} - \bar{x}_i)^2 + n \sum_{i=1}^{k} (\bar{x}_i - \bar{x}_u)^2 \qquad (36\,\text{a})$$

Aus Formel (35) findet man:

$$k\, \sigma^2_{\bar{x}\,\text{sy}} = \sum_{i=1}^{k} (\bar{x}_i - \bar{x}_u)^2.$$

Multipliziert man beide Seiten dieses Ausdruckes mit n, so ergibt sich das zweite Glied der rechten Seite der Beziehung (36 a), d. h. also:

$$\sum_{i=1}^{k} \sum_{j=1}^{n} (x_{ij} - \bar{x}_u)^2 = \sum_{i=1}^{k} \sum_{j=1}^{n} (x_{ij} - \bar{x}_i)^2 + n\, k\, \sigma^2_{\bar{x}\,\text{sy}} \qquad (37\,\text{a})$$

Daraus läßt sich $\sigma^2_{\bar{x}\,\text{sy}}$ bestimmen:

$$\sigma^2_{\bar{x}\,\text{sy}} = \frac{1}{n\,k} \left[\sum_{i=1}^{k} \sum_{j=1}^{n} (x_{ij} - \bar{x}_u)^2 - \sum_{i=1}^{k} \sum_{j=1}^{n} (x_{ij} - \bar{x}_i)^2 \right]. \qquad (37)$$

Bedenkt man, daß nach Formel (34) $n\,k = N$ ist und daß

$$\sum_{i=1}^{k} \sum_{j=1}^{n} (x_{ij} - \bar{x}_u)^2 = (N-1)\, \sigma^2_u$$

so folgt daraus:

$$\sigma^2_{\bar{x}\,\text{sy}} = \frac{1}{N} \left[(N-1)\, \sigma^2_u - \sum_{i=1}^{k} \sum_{j=2}^{n} (x_{ij} - \bar{x}_i)^2 \right]$$

oder

$$\sigma^2_{\bar{x}\,\text{sy}} = \frac{N-1}{N}\, \sigma^2_u - \frac{1}{N} \sum_{i=1}^{k} \sum_{j=1}^{n} (x_{ij} - \bar{x}_i)^2.$$

Die Streuung des Stichprobenmittelwertes $\bar{x}_s$ als Erwartungswert ausgedrückt ist gleich:

$$\begin{aligned}\sigma^2_{\bar{x}\,sy} &= E\,(\bar{x}_i - \bar{x}_u)^2 = \frac{1}{k}\sum_{i=1}^{k}(\bar{x}_i - \bar{x}_u)^2 = \\ &= \frac{1}{k}\sum_{i=1}^{k}\left(\frac{1}{n}\sum_{i=1}^{n} x_{ij} - \bar{x}_u\right)^2 = \\ &= \frac{1}{k}\sum_{i=1}^{k}\left(\frac{1}{n}\sum_{j=1}^{n} x_{ij} - \frac{n\,\bar{x}_u}{n}\right)^2 = \\ &= \frac{1}{k}\,\frac{1}{n^2}\sum_{i=1}^{k}\left(\sum_{j=1}^{n} x_{ij} - n\,\bar{x}_u\right)^2 = \\ &= \frac{1}{k}\,\frac{1}{n^2}\sum_{i=1}^{k}\left[\sum_{j=1}^{n}(x_{ij} - \bar{x}_u)\right]^2 = \\ &= \frac{1}{k}\,\frac{1}{n^2}\left[\sum_{i=1}^{k}\sum_{j=1}^{n}(x_{ij} - \bar{x}_u)^2 + 2\sum_{i=1}^{k}\sum_{\substack{j,t=1\\(j<t)}}^{n}(x_{ij} - \bar{x}_u)(x_{it} - \bar{x}_u)\right]\end{aligned} \tag{37 b}$$

Es ist nun

$$\frac{E\,(x_{ij} - \bar{x}_u)\,(x_{it} - \bar{x}_u)}{E\,(x_{ij} - \bar{x}_u)} = \varrho$$

wobei ϱ den „intraclass"-Korrelationskoeffizienten, d. h. den Korrelationskoeffizienten zwischen je zwei auf den Mittelwert im Universum bezogenen Elementen der gleichen systematischen Stichproben bedeuten. Nun enthält eine solche Stichprobe n Elemente. Folglich können insgesamt

$$\binom{n}{2} = \frac{n\,(n-1)}{2}$$

verschiedene Elementenpaare gebildet werden. Betrachtet man alle k Stichproben, so enthalten diese insgesamt

$$\frac{k\,n\,(n-1)}{2}$$

verschiedene Elementarpaare. Daraus folgt, daß

$$E\,(x_{ij} - \bar{x}_u)\,(x_{it} - \bar{x}_u) = \frac{2}{k\,n\,(n-1)}\sum_{i=1}^{k}\sum_{\substack{j,t=1\\(j<t)}}^{n}(x_{ij} - \bar{x}_u)\,(x_{it} - \bar{x}_u) \tag{37 c}$$

Weiter ist

$$E\,(x_{ij}-\bar{x}_u)^2=\frac{1}{N}\sum_{i=1}^{k}\sum_{j=1}^{n}(x_{ij}-\bar{x}_u)^2=$$

$$=\frac{N-1}{N}\,\frac{1}{N-1}\sum_{i=1}^{k}\sum_{j=1}^{n}(x_{ij}-\bar{x}_u)^2=$$

$$=\frac{N-1}{N}\,\sigma_u^2 \qquad (37\,\mathrm{d})$$

Setzt man diese beiden Ausdrücke (37 c) und (37 d) in die Formel für ϱ ein, so ergibt sich:

$$\varrho=\frac{2}{k\,n\,(n-1)}\,\frac{N}{N-1}\,\sigma_u^{-2}\sum_{i=1}^{k}\sum_{\substack{j,t=1\\(j<t)}}^{n}(x_{ij}-\bar{x}_u)\,(x_{it}-\bar{x}_u)$$

Berücksichtigt man, daß $k\,n=N$ ist, so findet man:

$$\varrho=\frac{2}{(n-1)\,(N-1)}\,\sigma_u^{-2}\sum_{i=1}^{k}\sum_{\substack{j,t=1\\(j<t)}}^{n}(x_{ij}-\bar{x}_u)\,(x_{it}-\bar{x}_u) \qquad (37\,\mathrm{e})$$

oder

$$\underline{\sum_{i=1}^{k}\sum_{\substack{j,t=1\\(j<t)}}^{n}(x_{ij}-\bar{x}_u)\,(x_{it}-\bar{x}_u)=\frac{\varrho\,(n-1)\,(N-1)\,\sigma_u^2}{2}} \qquad (37\,\mathrm{f})$$

Setzt man diesen Ausdruck in die Beziehung (37 b) für den Stichprobenfehler ein, so ergibt sich:

$$\sigma_{\bar{x}\,sy}^2=\frac{1}{k}\,\frac{1}{n^2}\left[\sum_{i=1}^{k}\sum_{j=1}^{n}(x_{ij}-\bar{x}_u)^2+(n-1)\,(N-1)\,\sigma_u^2\,\varrho\right]$$

Hier ist bekanntlich

$$\sum_{i=1}^{k}\sum_{j=1}^{n}(x_{ij}-\bar{x}_u)^2=(N-1)\,\sigma_u^2$$

Berücksichtigt man dieses Ergebnis, so folgt:

$$\underline{\sigma_{\bar{x}\,sy}^2}=\frac{1}{k}\,\frac{2}{n^2}\,[(N-1)\,\sigma_u^2+(n-1)\,(N-1)\,\sigma_u^2\,\varrho]=$$

$$=\frac{1}{k}\,\frac{1}{n^2}\,(N-1)\,\sigma_u^2\,[1+(n-1)\,\varrho]=$$

$$=\underline{\frac{N-1}{N}\,\frac{\sigma_u^2}{n}\,[1+(n-1)\,\varrho]} \qquad (38)$$

Diese Beziehung stellt den Stichprobenfehler bei einer systematischen Stichprobe dar.

Der Parameter ϱ kann zwischen -1 und $+1$ schwanken. Bei hohen positiven Werten dieser Maßzahl wird auch der Stichprobenfehler groß sein; umgekehrt wird der Stichprobenfehler mit kleiner werdendem ϱ abnehmen. Ein hoher positiver Wert von ϱ ergibt sich, wenn die einzelnen Elemente in den Stichproben untereinander homogen sind. Nimmt aber die Homogenität der Elemente in den Stichproben untereinander ab, so verringert sich der Stichprobenfehler bei der systematischen Stichprobe. Eine systematische Stichprobe ist also immer dann vorteilhaft, wenn der Wert ϱ kleiner oder sogar negativ ist. Bei hoher Homogenität der Elemente zwischen den Stichproben ist es zudem noch möglich, daß Periodizitäten auftreten können, derart, daß die Stichprobenergebnisse verfälscht werden. Diese Zusammenhänge sind an einem Beispiel aufgezeigt.

Systematische Stichproben werden vorzugsweise in der statistischen Qualitätskontrolle von Produkten einer Fabrik angestellt. Aus allen Produkten, die eine Fabrik verlassen, werden Stichproben gezogen. Es sei nun angenommen, daß täglich solche Stichprobenkontrollen durchgeführt werden. Solche Stichproben kann man zu irgendeiner Tagesstunde durchführen. Führt man aber beispielsweise diese Stichprobenentnahmen täglich um 16 Uhr durch, so stellt dies eine Stichprobe unter anderen dar, die z. B. um 9 Uhr und 11 Uhr angesetzt werden können. Nun ist es durchaus möglich, daß die Qualität der Produkte um 9 Uhr noch nicht so gut ist (Einarbeiten der Arbeiter), daß sie um 11 Uhr am besten und um 16 Uhr am schlechtesten (Ermüdung der Arbeiter) ist. Bezeichnet man die gute Qualität mit 10, die mittlere mit 5 und die schlechte mit 1, so soll sich das folgende Bild ergeben:

Tage	9 Uhr 1. Stichprobe	11 Uhr 2. Stichprobe	16 Uhr 3. Stichprobe
1	4	8	2
2	5	10	1
3	7	9	3
4	5	10	2
5	4	8	2
6	5	9	1

Die Homogenität der Elemente (Wertungen) in diesen drei Stichproben untereinander ist hoch, denn die erste Stichprobe enthält vorwiegend mittlere Werte, die zweite vorzugsweise hohe und die letzte Stichprobe vornehmlich tiefe Wertungen. Der Intraclass- oder Zwischenklassen-Korrelationskoeffizient nimmt in diesem Falle einen hohen positiven Wert an, wie die folgende Berechnung zeigen wird.

Für die Berechnung von ϱ beim angeführten Beispiel sind zuerst der Wert $\bar{x}_u$, dann der Wert σ_u^2 und schließlich die Differenzprodukte $(x_{ij} - \bar{x}_u)\,(x_{it} - \bar{x}_u)$ zu bestimmen. Das arithmetische Mittel der Grundgesamtheit ist

$$\bar{x}_u = \frac{1}{N-1} \sum_{i=1}^{3} \sum_{j=1}^{6} x_{ij} = \frac{95}{17} = 5,6$$

Die Bestimmung von σ_u^2 und die Berechnung der Differenzprodukte lassen sich am besten auf Grund der nachfolgenden Übersicht durchführen.

Tage	Stichproben								
	1			2			3		
	x_{ij}	$(x_{ij}-\bar{x}_u)$	$(x_{ij}-\bar{x}_u)^2$	x_{ij}	$(x_{ij}-\bar{x}_u)$	$(x_{ij}-\bar{x}_u)^2$	x_{ij}	$(x_{ij}-\bar{x}_u)$	$(x_{ij}-\bar{x}_u)^2$
1	4	−1,6	2,56	8	2,4	5,76	2	−3,6	12,96
2	5	−0,6	0,36	10	4,4	19,36	1	−4,6	21,16
3	7	1,4	1,96	9	3,4	11,56	3	−2,6	6,76
4	5	−0,6	0,36	10	4,4	19,36	2	−3,6	12,96
5	4	−1,6	2,56	8	2,4	5,76	2	−3,6	12,96
6	5	−0,6	0,36	9	3,4	11,56	1	−4,6	21,16
Summe			8,16			73,36			87,96

$$\sigma_u^2 = \frac{8,16 + 73,36 + 87,96}{18 - 1} = 9,97$$

Tabelle zur Berechnung von ϱ

Wertepaare (j, t)	$(x_{ij}-\bar{x}_u)\,(x_{it}-\bar{x}_u)$		
	1. Stichprobe	2. Stichprobe	3. Stichprobe
1,2	(−1,6) (−0,6) = 0,96	(2,4) (4,4) = 10,56	(−3,6) (−4,6) = 16,56
1,3	(−1,6) (1,4) = −2,24	(2,4) (3,4) = 8,16	(−3,6) (−2,6) = 9,36
1,4	(−1,6) (−0,6) = 0,96	(2,4) (4,4) = 10,56	(−3,6) (−3,6) = 12,96
1,5	(−1,6) (−1,6) = 2,56	(2,4) (2,4) = 5,76	(−3,6) (−3,6) = 12,96
1,6	(−1,6) (−0,6) = 0,96	(2,4) (3,4) = 8,16	(−3,6) (−4,6) = 16,56
2,3	(−0,6) (1,4) = −0,84	(4,4) (3,4) = 14,96	(−4,6) (−2,6) = 11,96
2,4	(−0,6) (−0,6) = 0,36	(4,4) (4,4) = 19,36	(−4,6) (−3,6) = 16,56
2,5	(−0,6) (−1,6) = 0,96	(4,4) (2,4) = 10,56	(−4,6) (−3,6) = 16,56
2,6	(−0,6) (−0,6) = 0,36	(4,4) (3,4) = 14,96	(−4,6) (−4,6) = 21,16
3,4	(1,4) (−0,6) = −0,84	(3,4) (4,4) = 14,96	(−2,6) (−3,6) = 9,36
3,5	(1,4) (−1,6) = −2,24	(3,4) (2,4) = 8,16	(−2,6) (−3,6) = 9,36
3,6	(1,4) (−0,6) = −0,84	(3,4) (3,4) = 11,56	(−2,6) (−4,6) = 11,96
4,5	(−0,6) (−1,6) = 0,96	(4,4) (2,4) = 10,56	(−3,6) (−3,6) = 12,96
4,6	(−0,6) (−0,6) = 0,36	(4,4) (3,4) = 14,96	(−3,6) (−4,6) = 16,56
5,6	(−1,6) (−0,6) = 0,96	(2,4) (3,4) = 8,16	(−3,6) (−4,6) = 16,56
Zusammen	+2,40	+171,40	+211,40

Die Summe für alle drei Stichproben ergibt sich daraus mit folgendem Wert:

$$+2{,}40+171{,}40+211{,}40=385{,}20$$

Auf Grund der gewonnenen Werte läßt sich nun ϱ nach der Formel (37 c) bestimmen:

$$\underline{\varrho}=\frac{2}{(6-1)(18-1)}\,\frac{1}{9{,}97}\,385{,}20=+\underline{\underline{0{,}9091}}$$

Aus Formel (38) folgt weiter, daß in diesem Falle die systematische Stichprobe ungünstig ist. Hinzu kommt auch, daß im angeführten Beispiel eine Periodizität bezüglich der Arbeitsleistung im täglichen Ablauf festzustellen ist und daß das angeführte Vorgehen durch diese Periodizität in ungünstiger Weise beeinflußt wird.

Es stellt sich nun die Frage, welche Grundgesamtheiten sich vor allem für systematische Stichproben eignen. Aus dem angeführten Beispiel läßt sich leicht ableiten, daß sich Grundgesamtheiten, in welchen die Elemente bezüglich des untersuchten Merkmals zufällig angeordnet sind, besonders gut für systematische Stichproben eignen.

Die systematische Stichprobe wird, wie schon erwähnt, in der praktischen Statistik sehr häufig angewendet, obwohl die Berechnung des Stichprobenfehlers die zusätzliche Information über die Höhe des Zwischenklassen-Korrelationskoeffizienten erfordert. Die Berechnung dieses Korrelationskoeffizienten läßt sich in praktischen Fällen oft nicht genau durchführen, weil einzelne Bestimmungsgrößen (z. B. $\bar{x}_u$) unbekannt sind. In solchen Fällen muß man versuchen, die unbekannten Bestimmungsgrößen oder den Wert von ϱ aus früheren ähnlichen oder gleichen Erhebungen zu schätzen oder aber bei Ersterhebungen statistisch begründete Schätzungen dieser Werte auf anderen Wegen zu gewinnen versuchen.

Der mit diesem Stichprobenplan verbundene methodologische Nachteil wird aber sehr oft durch die Einfachheit des Stichprobenplanes aufgewogen, der sich ohne allzu großen Aufwand an Vorbereitungsarbeiten verwirklichen läßt. Auch ist das Vorgehen bei der Stichprobenentnahme statistisch ungeschultem Personal leicht zu erklären und ihre Durchführung zu kontrollieren.

4.4. Klumpenstichprobe

Auf Grund der schematischen Darstellung auf Seite 41 ist die Klumpenstichprobe dadurch definiert, daß eine Grundgesamtheit in Schichten aufgeteilt wird, daß einzelne Schichten daraus zufällig gewählt werden und daß alle Elemente in den gewählten Schichten, die man hier als Klumpen bezeichnet, herangezogen werden. Da nun innerhalb der Klumpen keine Stichproben gezogen werden, fällt hier der Stichprobenfehler weg (er ist gleich Null). Andrerseits aber wird der Stichprobenfehler für diesen Stichprobenplan durch die Streuung zwischen den einzelnen Klumpen beeinflußt. Ist diese groß, d. h. sind die Klumpen unter sich sehr heterogen, so wird auch der Stichprobenfehler groß sein; ist sie aber klein, d. h. sind die einzelnen Klumpen untereinander homogen, so wird sich ein kleiner Stichprobenfehler ergeben. Eine Klumpenstichprobe wird also dann angezeigt sein, wenn die Schichten (Klumpen) untereinander homogen, die einzelnen Klumpen in sich aber heterogen sind.

Der Stichprobenfehler für die Klumpenstichprobe läßt sich aus der Beziehung

$$\sigma^2_{\bar{x}K} = \frac{M-m}{M-1} \frac{\sigma^2_b}{m} \tag{39}$$

bestimmen, denn die einzelnen Klumpen können als Elemente in der Stichprobe betrachtet werden. Die Streuung σ^2_b bezeichnet die Streuung zwischen den einzelnen Klumpen. In dieser Beziehung ist σ^2_b durch einen anderen Ausdruck zu ersetzen. Dies ist auf Grund der Beziehung für den Intraclass-Korrelationskoeffizienten nach Formel (37e) möglich. Danach ist mit den Bezeichnungen für die Klumpenstichprobe

$$\varrho = \frac{2}{M\overline{N}(\overline{N}-1)} \sigma_u^{-2} \sum_{i=1}^{M} \sum_{\substack{j,t=1 \\ (j<t)}}^{\overline{N}} (x_{ij} - \bar{x}_u)(x_{it} - \bar{x}_u) =$$

$$= \sigma_u^{-2} \left[\frac{1}{M} \sum_{i=1}^{M} \frac{1}{\overline{N}(\overline{N}-1)} \left\{ \left[\sum_{j=1}^{\overline{N}} (x_{ij} - \bar{x}_u) \right]^2 - \sum_{j=1}^{\overline{N}} (x_{ij} - \bar{x}_u)^2 \right\} \right]^1$$

Die Summe

$$\sum_{j=1}^{\overline{N}} (x_{ij} - \bar{x}_u)^2$$

[1] Dies ist leicht ersichtlich, wenn man beispielsweise $N = 2$ setzt. Es folgt daraus für die geschweifte Klammer:

$$\left[\sum_{j=1}^{2} (x_{ij} - \bar{x}_u) \right]^2 - \sum_{j=1}^{2} (x_{ij} - \bar{x}_u)^2 =$$

$$[(x_{i1} - \bar{x}_u)(x_{i2} - \bar{x}_u)]^2 - (x_{i1} - \bar{x}_u) - (x_{i2} - \bar{x}_u)^2 =$$

$$= (x_{i1} - \bar{x}_u)^2 + 2(x_{i2} - \bar{x}_u)(x_{i2} - \bar{x}_u) + (x_{i2} - \bar{x}_u)^2 - (x_{i1} - \bar{x}_u)^2 -$$

$$- (x_{i2} - \bar{x}_u)^2 = 2(x_{i1} - \bar{x}_u)(x_{i2} - \bar{x}_u).$$

im Ausdruck für ϱ ist gleich $M\overline{N}\sigma_u^2$. Unter Berücksichtigung dieses Wertes erhält man

$$\sigma_u^{-2}\left[\frac{1}{M}\sum_{i=1}^{M}\frac{1}{\overline{N}(\overline{N}-1)}\left\{\sum_{j=1}^{\overline{N}}[(x_{ij}-\bar{x}_i)-(\bar{x}_u-\bar{x}_i)]\right\}^2-\frac{M\overline{N}\sigma_u^2}{M\overline{N}(\overline{N}-1)}\right]=$$

$$=\sigma_u^{-2}\left[\frac{1}{M}\sum_{i=1}^{M}\frac{1}{\overline{N}(\overline{N}-1)}\left\{\sum_{j=1}^{\overline{N}}(\bar{x}_u-\bar{x}_i)\right\}^2-\frac{\sigma_u^2}{\overline{N}-1}\right]$$

da die erste Summe in der vorhergehenden Beziehung definitionsgemäß gleich Null ist. Da nun die Differenz in der verbleibenden Summe dieses Ausdruckes unabhängig von j ist, nimmt sie den Wert

$$[\overline{N}(\bar{x}_u-\bar{x}_i)]^2=[\overline{N}(\bar{x}_i-\bar{x}_u)]^2$$

an. Es ist also:

$$\sigma_u^{-2}\left\{\frac{1}{M}\sum_{i=1}^{M}\frac{1}{\overline{N}(\overline{N}-1)}[\overline{N}(\bar{x}_i-\bar{x}_u)]^2-\frac{\sigma_u^2}{\overline{N}-1}\right\}$$

Nun ist aber

$$\frac{1}{M}\sum_{i=1}^{M}(\bar{x}_i-\bar{x}_u)^2=\sigma_b^2$$

d. h. gleich der Streuung zwischen den Klumpen in der Grundgesamtheit. Setzt man diesen Wert ein, so ergibt sich

$$\sigma_u^{-2}\left[\frac{1}{M}\frac{\overline{N}^2}{\overline{N}(\overline{N}-1)}\sum_{i=1}^{M}(\bar{x}_i-\bar{x}_u)^2-\frac{\sigma_u^2}{\overline{N}-1}\right]=$$

$$=\sigma_u^{-2}\left[\frac{\overline{N}}{\overline{N}-1}\sigma_b^2-\frac{\sigma_u^2}{\overline{N}-1}\right]=\sigma_u^{-2}\left(\frac{\overline{N}\sigma_b^2-\sigma_u^2}{\overline{N}-1}\right)=$$

$$=\sigma_u^{-2}\left(\frac{\overline{N}\sigma_b^2-\sigma_u^2-\sigma_b^2+\sigma_b^2}{\overline{N}-1}\right)=$$

$$=\sigma_u^{-2}\left[\frac{\sigma_b^2(\overline{N}-1)-(\sigma_u^2-\sigma_b^2)}{\overline{N}-1}\right]=$$

$$=\sigma_u^{-2}\left[\sigma_b^2-\frac{\sigma_u^2-\sigma_b^2}{\overline{N}-1}\right].$$

Nun ist aber

$$\sigma_u^2=\sigma_b^2+\sigma_w^2.$$

Berücksichtigt man diese Beziehung, so findet man:

$$\varrho = \sigma_u^{-2}\left(\sigma_b^2 - \frac{\sigma_w^2}{\bar{N}-1}\right)$$

Der Wert σ_w^2 bezeichnet die durchschnittliche Streuung innerhalb der Klumpen, d. h.

$$\sigma_w^2 = \frac{1}{N}\sum_{i=1}^{M} N_i\,\sigma_i^2.$$

Aus dieser Beziehung für ϱ läßt sich σ_b^2 bestimmen, nachdem man wiederum σ_w^2 durch $\sigma_u^2 - \sigma_b^2$ ersetzt hat. Das Ergebnis ist:

$$\sigma_b^2 = \frac{1}{\bar{N}}\,\sigma_u^2\,[1 + (\bar{N}-1)\,\varrho] \tag{40}$$

Die Substitution von σ^2 in der Formel für die Stichprobenstreuung durch diesen Ausdruck ergibt die folgende Beziehung:

$$\sigma_{\bar{x}\,\mathrm{K}}^2 = \frac{M-m}{M-1}\,\frac{\sigma_u^2}{m\bar{N}}\,[1 + (\bar{N}-1)\,\varrho] \tag{41}$$

Diese Formel stellt das Quadrat des Stichprobenfehlers für die Klumpenstichprobe dar.

Hätte man eine einfache Zufallsstichprobe gezogen, so hätte sich das folgende Quadrat des Stichprobenfehlers ergeben:

$$\sigma_{\bar{x}\,\mathrm{S}}^2 = \frac{N-n}{N-1}\,\frac{\sigma_u^2}{n} = \frac{M\bar{N}-m\bar{N}}{M\bar{N}-1}\,\frac{\sigma_u^2}{m\bar{N}}$$

wo $\bar{N} = N/M$, d. h. die durchschnittliche Anzahl Elemente je Schicht ist. Der Multiplikator

$$\frac{M\bar{N}-m\bar{N}}{M\bar{N}-1}$$

kann dem Ausdruck

$$\frac{M-m}{M-1}\,\frac{N-\bar{N}}{N-1}$$

gleichgesetzt werden, wie aus der folgenden Ableitung hervorgeht.

$$\frac{M\bar{N}-m\bar{N}}{M\bar{N}-1} = \frac{\bar{N}(M-m)}{M\bar{N}-1} = \frac{\bar{N}(M-m)}{M(N/M)-1} = \frac{\bar{N}(M-m)}{N-1} =$$

$$= \frac{\bar{N}(M-m)}{N-1}\,\frac{M-1}{M-1}\,\frac{N-\bar{N}}{N-\bar{N}}$$

Die beiden letzten Faktoren verändern den Wert der Beziehung nicht, da sie gleich Eins sind. Durch Umstellung erhält man weiter:

$$\frac{M\bar{N}-m\bar{N}}{M\bar{N}-1}=\frac{M-m}{M-1}\,\frac{N-\bar{N}}{N-1}\,\frac{\bar{N}(M-1)}{N-\bar{N}}$$

Der letzte Faktor ist aber gleich Eins, denn es ist:

$$\frac{\bar{N}(M-1)}{N-\bar{N}}=\frac{\bar{N}(M-1)}{M\bar{N}-\bar{N}}=\frac{\bar{N}(M-1)}{\bar{N}(M-1)}=1$$

Für das Quadrat des Stichprobenfehlers bei einer einfachen Zufallsstichprobe mit den Bezeichnungen der Klumpenstichprobe ergibt sich also:

$$\sigma^2_{\bar{x}\,S}=\frac{M-m}{M-1}\,\frac{N-\bar{N}}{N-1}\,\frac{\sigma^2_u}{m\bar{N}} \qquad (42)$$

Ist nun in Beziehung (41) $\varrho=-\frac{1}{N-1}$, so geht diese Formel über in

$$\frac{M-m}{M-1}\,\frac{N-\bar{N}}{N-1}\,\frac{\sigma^2_u}{m\bar{N}}$$

d. h. also in Beziehung (42) für das Quadrat des Stichprobenfehlers bei einfacher Zufallsstichprobe. Ist aber $\varrho<-\frac{1}{N-1}$, so führt die Klumpenstichprobe zu besseren Resultaten als die einfache Zufallsstichprobe; ist aber $\varrho>-\frac{1}{N-1}$, so ist die einfache Zufallsstichprobe der Klumpenstichprobe vorzuziehen.

Eine Schwierigkeit beim Klumpen-Stichprobenplan besteht darin, daß man oft nur wenig über die Zusammensetzung der Klumpen weiß. Um diese Schwierigkeit zu umgehen, kann man ein Verfahren einschlagen, das als *Klumpen-Folgestichprobenplan* (post cluster sampling) (28) bezeichnet werden kann, und das an einem Modell erklärt werden soll.

Gegeben sei eine große Urne, in welcher N Kugeln enthalten sind. Diese Kugeln weisen M verschiedene Farben auf; diese können aber erst festgestellt werden, nachdem die Kugeln gezogen worden sind. Nun werden aus dieser Urne n Kugeln gezogen und ihrer Farbe entsprechend in M weitere Urnen gelegt, wobei es durchaus möglich ist, daß einzelne dieser M Urnen leer bleiben (nämlich dann, wenn bei den n gezogenen Kugeln die entsprechenden Farben nicht vertreten sind). Hernach werden m der M Urnen zufällig ausgewählt und alle darin befindlichen Kugeln untersucht.

Wie ersichtlich, stellt die erste Urne die Grundgesamtheit dar, die N Elemente umfaßt. Diese Grundgesamtheit kann nun nicht auf Grund bestimmter Merkmale der Elemente in Klumpen aufgeteilt werden, weil die Beschaffenheit dieser Elemente nicht bekannt ist. Diese Beschaffenheit der Elemente wird nun festzustellen versucht, indem man zuerst der Grundgesamtheit eine zufällige Stichprobe von n Elementen entnimmt und diese gezogenen Elemente auf Grund ihrer Beschaffenheit in Gruppen (Klumpen) zusammenfaßt. Die M Urnen im Modell stellen also die Klumpen dar. Das weitere Vorgehen entspricht dem Klumpen-Stichprobenplan. Es werden nämlich einzelne (m) Klumpen zufällig unter den M Klumpen ausgewählt und die darin befindlichen Elemente untersucht. Dieser Stichprobenplan stellt also einen Plan dar, der aus zwei Teilen besteht; der erste Teil kann als eine vorhergehende informatorische Zufallsstichprobe betrachtet werden, auf welchen dann als zweiter Teil der eigentliche Klumpen-Stichprobenplan folgt.

4.5. Mehrphasenstichprobe

Ein weiterer Stichprobenplan ist die Mehrphasenstichprobe. Wie schon im Abschnitt 4.1 dargelegt worden ist, kann die Mehrphasenstichprobe und insbesondere eine Zweiphasenstichprobe als eine Stichprobe der Teilgesamtheiten innerhalb der Grundgesamtheit und als eine Stichprobe der Elemente innerhalb der Teilgesamtheiten aufgefaßt werden. Ein Beispiel für eine Mehrphasenstichprobe wäre die stichprobenweise Auswahl von Städten in einem Lande, von Stadtquartieren in diesen Städten, von Häusern in diesen Quartieren und von Haushaltungen in diesen Häusern, um die Konsumgewohnheiten in Haushaltungen zu untersuchen.

Der Stichprobenfehler wird sich hier folglich aus zwei Bestandteilen zusammensetzen, nämlich dem Stichprobenfehler, der durch die Stichprobe der Teilgesamtheiten aus der Grundgesamtheit, und jenem, der aus der Stichprobe der Elemente aus den Teilgesamtheiten entstanden ist. Bei einer Mehrphasenstichprobe mit Untergesamtheiten innerhalb der Teilgesamtheiten kann diese Zusammensetzung des Stichprobenfehlers noch weitergeführt werden. Bei der Zweiphasenstichprobe setzt sich also der Stichprobenfehler aus der Streuung zwischen den Teilgesamtheiten und der Streuung innerhalb der Teilgesamtheiten zusammen. Es geht also darum, die Bestandteile des Stichprobenfehlers zu bestimmen.

Der Stichprobenfehler für eine Summe in einer Zweiphasenstichprobe ist durch den folgenden Ausdruck gegeben:

$$\sigma^2_{\Sigma x\, 2\,\mathrm{ph}} = E\,[X - E\,(X)]^2 = E\,(X^2) - [E\,(X)]^2.$$

Nimmt man an, daß von den M Stichprobeneinheiten der ersten Phase in der Grundgesamtheit (primäre Stichprobeneinheiten) stichprobenweise m ausgewählt werden und daß die i-te primäre Stichprobeneinheit in der Grundgesamtheit insgesamt N_i Elemente (sekundäre Stichprobeneinheiten) umfaßt, von welchen in der zweiten Phase n_i Einheiten zufällig ausgewählt werden, so kann man den obigen Ausdruck folgendermaßen schreiben:

$$\sigma^2_{\Sigma x\, 2\,\text{ph}} = \left(\frac{M}{m}\right)^2 E\,(\sum_{i=1}^{m} X_i)^2 - [\sum_{i=1}^{M} X_i]^2$$

Da $\sum_{i=1}^{M} X_i = A$, so kann man auch schreiben:

$$\sigma^2_{\Sigma x\, 2\,\text{ph}} = \left(\frac{M}{m}\right)^2 E\,(\sum_{i=1}^{m} X_i)^2 - A^2 =$$

$$= \left(\frac{M}{m}\right)^2 E\,[\sum_{i=1}^{m} X_i^2 + \sum_{\substack{i=1\\(i\neq i')}}^{m} \sum_{i'=1}^{m} X_i X_{i'}] - A^2 =$$

$$= \left(\frac{M}{m}\right)^2 [\sum_{i=1}^{m} E\,X_i^2 + \sum_{\substack{i=1\\(i\neq 1)}}^{m} \sum_{i'=1}^{m} E\,X_i X_{i'}] - A^2 =$$

$$= \left(\frac{M}{m}\right)^2 \left[\frac{m}{M} \sum_{i=1}^{M} E\,X_i^2 + \frac{m\,(m-1)}{M\,(M-1)} \sum_{\substack{i=1\\(i\neq i')}}^{M} \sum_{i'=1}^{M} A_i A_{i'}\right] - A^2$$

weil $A_i = \sum_{j=1}^{N_i} x_{ij}$.

$$\sigma^2_{\Sigma x\, 2\,\text{ph}} = \left(\frac{M}{m}\right)^2 \left\{\frac{m}{M} \sum_{i=1}^{M} \left[N_i^2 \frac{N_i - n_i}{N_i - 1} \frac{\sigma_i^2}{n_i} + A_i^2\right] + \right.$$

$$\left. + \frac{m}{M} \frac{m-1}{M-1} [(\sum_{i=1}^{M} A_i)^2 - \sum_{i=1}^{M} A_i^2]\right\} - A^2 =$$

$$= \left(\frac{M}{m}\right)^2 \left\{\frac{m}{M} \sum_{i=1}^{M} N_i^2 \frac{N_i - n_i}{N_i - 1} \frac{\sigma_i^2}{n_i} + \frac{m}{M} \sum_{i=1}^{M} A_i^2 + \frac{m}{M} \frac{m-1}{M-1} (\sum_{i=1}^{M} A_i)^2 - \right.$$

$$\left. - \frac{m}{M} \frac{m-1}{M-1} \sum_{i=1}^{M} A_i^2\right\} - A^2 =$$

$$= \left(\frac{M}{m}\right)^2 \left\{\frac{m}{M} \sum_{i=1}^{M} N_i^2 \frac{N_i - n_i}{N_i - 1} \frac{\sigma_i^2}{n_i} + \frac{m}{M} \sum_{i=1}^{M} A_i^2 - \frac{m}{M} \frac{m-1}{M-1} \sum_{i=1}^{M} A_i^2\right\} +$$

$$+ \left(\frac{M}{m}\right)^2 \frac{m}{M} \frac{m-1}{M-1} (\sum_{i=1}^{M} A_i)^2 - A^2.$$

Aus den Beziehungen

$$\overline{A^2} = \frac{(\sum_{i=1}^{M} A_i)^2}{M^2} \quad \text{und} \quad A = \sum_{i=1}^{M} A_i$$

lassen sich die Beziehungen

$$(\sum_{i=1}^{M} A_i)^2 = M^2 \overline{A}^2 \quad \text{und} \quad A^2 = M^2 \overline{A}^2$$

ableiten. Setzt man diese in die Beziehung für den Stichprobenfehler-Ausdruck ein, so ergibt sich weiter:

$$\sigma^2_{\Sigma x\, 2\,\mathrm{ph}} = \left(\frac{M}{m}\right)^2 \left\{\frac{m}{M}\sum_{i=1}^{M} N_i^2 \frac{N_i - n_i}{N_i - 1}\frac{\sigma_i^2}{n_i} + \frac{m}{M}\sum_{i=1}^{M} A_i^2 - \frac{m}{M}\frac{m-1}{M-1}\sum_{i=1}^{M} A_i^2\right\} +$$

$$+ \left(\frac{M}{m}\right)^2 \frac{m}{M}\frac{m-1}{M-1} M^2 \bar{A}^2 - M^2 \bar{A}^2 =$$

$$= \left(\frac{M}{m}\right)^2 \left\{\frac{m}{M}\sum_{i=1}^{M} N_i^2 \frac{N_i - n_i}{N_i - 1}\frac{\sigma_i^2}{n_i} + \frac{m}{M}\left(1 - \frac{m-1}{M-1}\right)\sum_{i=1}^{M} A_i^2\right\} +$$

$$+ \left(\frac{M}{m}\right)^2 \frac{m}{M}\frac{m-1}{M-1} M^2 \bar{A}^2 - M^2 \bar{A}^2 =$$

$$= \left(\frac{M}{m}\right)^2 \left\{\frac{m}{M}\sum_{i=1}^{M} N_i^2 \frac{N_i - n_i}{N_i - 1}\frac{\sigma_i^2}{n_i} + \frac{m}{M}\left(1 - \frac{m-1}{M-1}\right)\sum_{i=1}^{M} A_i^2 + \right.$$

$$\left. + \frac{m}{M}\frac{m-1}{M-1} M^2 \bar{A}^2 - \frac{m^2}{M^2} M^2 \bar{A}^2\right\} =$$

$$= \left(\frac{M}{m}\right)^2 \left\{\frac{m}{M}\sum_{i=1}^{M} N_i^2 \frac{N_i - n_i}{N_i - 1}\frac{\sigma_i^2}{n_i} + \frac{m}{M}\left(1 - \frac{m-1}{M-1}\right)\sum_{i=1}^{M} A_i^2 + \right.$$

$$\left. + \frac{m}{M}\frac{m-1}{M-1} M^2 \bar{A}^2 - m^2 \bar{A}^2\right\} =$$

$$= \left(\frac{M}{m}\right)^2 \left\{\frac{m}{M}\sum_{i=1}^{M} N_i^2 \frac{N_i - n_i}{N_i - 1}\frac{\sigma_i^2}{n_i} + m\left(1 - \frac{m-1}{M-1}\right)\frac{1}{M}\sum_{i=1}^{M} A_i^2 + \right.$$

$$\left. + M m \bar{A}^2 \left(\frac{m-1}{M-1} - \frac{m}{M}\right)\right\} =$$

$$= \left(\frac{M}{m}\right)^2 \left\{\frac{m}{M}\sum_{i=1}^{M} N_i^2 \frac{N_i - n_i}{N_i - 1}\frac{\sigma_i^2}{n_i} + m\left(1 - \frac{m-1}{M-1}\right)\frac{1}{M}\sum_{i=1}^{M} A_i^2 - \right.$$

$$\left. - M m \bar{A}^2 \left(\frac{m}{M} - \frac{m-1}{M-1}\right)\right\} =$$

$$= \left(\frac{M}{m}\right)^2 \left\{\frac{m}{M}\sum_{i=1}^{M} N_i^2 \frac{N_i - n_i}{N_i - 1}\frac{\sigma_i^2}{n_i} + m\left(\frac{M-m}{M-1}\right)\frac{1}{M}\sum_{i=1}^{M} A_i^2 - \right.$$

$$\left. - M m \bar{A}^2 \left(\frac{M-m}{M(M-1)}\right)\right\} =$$

$$= \left(\frac{M}{m}\right)^2 \left\{\frac{m}{M}\sum_{i=1}^{M} N_i^2 \frac{N_i - n_i}{N_i - 1}\frac{\sigma_i^2}{n_i} + m\left(\frac{M-m}{M-1}\right)\frac{1}{M}\sum_{i=1}^{M} A_i^2 - m\bar{A}^2\left(\frac{M-m}{M-1}\right)\right\} =$$

$$= \left(\frac{M}{m}\right)^2 \left\{\frac{m}{M}\sum_{i=1}^{M} N_i^2 \frac{N_i - n_i}{N_i - 1}\frac{\sigma_i^2}{n_i} + m\left(\frac{M-m}{M-1}\right)\left[\frac{1}{M}\sum_{i=1}^{M} A_i^2 - \bar{A}^2\right]\right\} =$$

$$= \left(\frac{M}{m}\right)^2 \left\{\frac{m}{M}\sum_{i=1}^{M} N_i^2 \frac{N_i - n_i}{N_i - 1}\frac{\sigma_i^2}{n_i} + \left(\frac{M-m}{M-1}\right) m\, \sigma_p^2\right\}$$

da

$$\frac{1}{M}\sum_{i=1}^{M} A_i^2 - \bar{A}^2 = \frac{1}{M}\sum_{i=1}^{M}(A_i - \bar{A})^2 = \sigma_p^2$$

wo σ_p^2 die Streuung in der primären Stichprobeneinheit bezeichnet. Somit ergibt sich endlich:

$$\underline{\sigma^2_{\Sigma x\, 2\,\mathrm{ph}} = \left(\frac{M}{m}\right)^2 \left[\frac{M-m}{M-1}\, m\, \sigma_p^2 + \frac{m}{M}\sum_{i=1}^{M} N_i^2 \frac{N_i - n_i}{N_i - 1}\frac{\sigma_i^2}{n_i}\right]} \qquad (43)$$

In dieser Formel bezeichnet σ_i^2 die Streuung in den sekundären Stichprobeneinheiten.

Der Stichprobenfehler für die Zweiphasenstichprobe setzt sich also aus zwei Komponenten zusammen, nämlich dem Stichprobenfehler auf Grund der primären Stichprobeneinheiten und andrerseits dem Stichprobenfehler auf Grund der sekundären Stichprobeneinheiten. Bei Mehrphasenstichproben werden die Stichprobenfehler der tertiären, quartären usw. Stichprobeneinheiten dem Gesamtstichprobenfehler hinzugefügt. So ergibt sich für die Dreiphasenstichprobe die folgende Beziehung für das Stichprobenfehler-Quadrat:

$$\underline{\sigma^2_{\Sigma x\, 3\,\mathrm{ph}} = \left(\frac{M}{m}\right)^2 \left\{\frac{M-m}{M-1}\, m\, \sigma_p^2 + \frac{m}{M}\sum_{i=1}^{M}\left(\frac{N_i}{n_i}\right)^2 \left[\frac{N_i - n_i}{N_i - 1}\, n_i\, \sigma_i^2 + \right.\right.}$$

$$\underline{\left.\left. + \frac{n_i}{N_i}\sum_{j=1}^{N_i}\left(\frac{N_{ij}}{n_{ij}}\right)^2 \frac{N_{ij} - n_{ij}}{N_{ij} - 1}\, n_{ij}\, \sigma_{ij}^2\right]\right\}} \qquad (43\,\mathrm{a})$$

Will man aber statt einer Summe (z. B. Lagerbestand) einen Durchschnittswert (z. B. mittleres Einkommen) schätzen, so muß die Stichprobenfehler-Formel für die Summe [Formeln (43)] durch M^2 dividiert werden.

Wie schon bei der geschichteten Stichprobe stellt sich auch hier die Frage nach der Aufteilung der Stichprobe auf die primäre, sekundäre usw. Erhebungsphase, d. h. die Frage, wie viele primäre Stichprobeneinheiten m gezogen und wie viele sekundäre Stichprobeneinheiten n_i der i-ten primären Stichprobeneinheit entnommen werden müssen. Dieses Aufteilungsproblem stellt sich dann, wenn die Erhebungskosten für die einzelnen Erhebungsphasen verschieden sind. Vereinfachend soll ein durchschnittlicher Wert aus den n_i-Werten, d. h. $\bar{n}$, angenommen werden. Dies läuft darauf hinaus, daß mit einem konstanten Stichprobenumfang je sekundärer Stichprobeneinheit $\bar{n}$ gerechnet werden soll. Nimmt man an, daß sich die Erhebungskosten für die primären Stichprobeneinheiten auf c_1 und für die sekundären Stichprobeneinheiten auf c_2 stellen, so kann die folgende Kostenfunktion zugrunde gelegt werden:

$$\underline{C = c_1 m + m \sum_{i=1}^{m} c_i n_i = c_1 m + c_2 \bar{n} m = m (c_1 + c_2 \bar{n})} \tag{44}$$

Unter der vereinfachenden Annahme, daß $n_i = \bar{n} =$ konst. ist, nimmt die Stichprobenfehler-Formel (43) die folgende Form an:

$$\sigma^2_{\Sigma x\, 2\,\mathrm{ph}} = \left(\frac{M}{m}\right)^2 \left[\frac{M-m}{M-1} m \sigma_p^2 + m \left(\frac{\bar{N}}{\bar{n}}\right)^2 \frac{\bar{N}-\bar{n}}{\bar{N}-1} \bar{n} \sigma_w^2\right] \tag{45}$$

Das Problem kann unter zwei verschiedenen Gesichtspunkten betrachtet werden. Es kann einerseits nach dem kleinsten Stichprobenfehler bei vorgegebenen Erhebungskosten oder aber nach den minimalen Erhebungskosten bei vorgegebenem Stichprobenfehler gefragt werden.

Um das erste Problem zu lösen, ersetzt man m in der Beziehung (45) durch den für m aus Formel (44) erhaltenen Wert. Aus dieser Formel erhält man

$$m = \frac{C}{c_1 + c_2 \bar{n}}. \tag{44 a}$$

Setzt man vereinfachend in Formel (45) für $M-1 \sim M$ und für $\bar{N}-1 \sim \bar{N}$ ein, so erhält man:

$$\begin{aligned}
\underline{\sigma^2_{\Sigma x\, 2\,\mathrm{ph}}} &= \left(\frac{M}{m}\right)^2 \left[\left(1-\frac{m}{M}\right) m \sigma_p^2 + m \left(\frac{\bar{N}}{\bar{n}}\right)^2 \left(1-\frac{\bar{n}}{\bar{N}}\right) \bar{n} \sigma_w^2\right] = \\
&= M^2 \left[\left(1-\frac{m}{M}\right) \frac{\sigma_p^2}{m} + \frac{1}{m}\left(\frac{\bar{N}^2}{\bar{n}}\right) \sigma_w^2 \left(1-\frac{\bar{n}}{\bar{N}}\right)\right] = \\
&= M^2 \left[\frac{\sigma_p^2}{m} - \frac{\sigma_p^2}{M} + \frac{1}{m} \frac{\bar{N}^2}{\bar{n}} \sigma_w^2 - \frac{1}{m} \bar{N} \sigma_w^2\right] = \\
&= M^2 \left[\frac{1}{m}\left(\sigma_p^2 + \frac{\bar{N}^2}{\bar{n}} \sigma_w^2 - \bar{N} \sigma_w^2\right) - \frac{\sigma_p^2}{M}\right] = \\
&= \underline{M^2 \left\{\frac{1}{m}\left[\sigma_p^2 + \bar{N} \sigma_w^2 \left(\frac{\bar{N}}{\bar{n}} - 1\right)\right] - \frac{\sigma_p^2}{M}\right\}}
\end{aligned} \tag{45 a}$$

Setzt man den in der Beziehung (44 a) angegebenen Wert für m in den Ausdruck (45 a) ein, so ergibt sich:

$$\sigma^2_{\Sigma x\, 2\,\mathrm{ph}} = M^2 \left\{ \frac{c_1 + c_2 \bar{n}}{C} \left[\sigma_p^2 + \bar{N} \sigma_w^2 \left(\frac{\bar{N}}{\bar{n}} - 1 \right) \right] - \frac{\sigma_p^2}{M} \right\} =$$

$$= M^2 \left\{ \frac{\sigma_p^2}{C} (c_1 + c_2 \bar{n}) + \frac{\bar{N}}{C} \sigma_w^2 (c_1 + c_2 \bar{n}) \left(\frac{\bar{N}}{\bar{n}} - 1 \right) - \frac{\sigma_p^2}{M} \right\}$$

$$\frac{1}{M^2} \sigma^2_{\Sigma x\, 2\,\mathrm{ph}} = \frac{\sigma_p^2}{C} c_1 + \frac{\sigma_p^2}{C} c_2 \bar{n} + \left(\frac{\bar{N}}{C} \sigma_w^2 c_1 + \frac{\bar{N}}{C} \sigma_w^2 c_2 \bar{n} \right) \left(\frac{\bar{N}}{\bar{n}} - 1 \right) - \frac{\sigma_p^2}{M} =$$

$$= \frac{\sigma_p^2}{C} c_1 + \frac{\sigma_p^2}{C} c_2 \bar{n} + \frac{\bar{N}^2}{C} \sigma_w^2 c_1 \frac{1}{\bar{n}} - \frac{\bar{N}}{C} \sigma_w^2 c_1 + \frac{\bar{N}^2}{C} \sigma_w^2 c_2 -$$

$$- \frac{\bar{N}}{C} \sigma_w^2 c_2 \bar{n} - \frac{\sigma_p^2}{M} =$$

$$= \bar{n} \left(\frac{\sigma_p^2}{C} c_2 - \frac{\bar{N}}{C} \sigma_w^2 c_2 \right) + \frac{1}{\bar{n}} \frac{\bar{N}}{C} \sigma_w^2 c_1 +$$

$$+ \left(\frac{\sigma_p^2}{C} c_1 - \frac{\bar{N}}{C} \sigma_w^2 c_1 + \frac{\bar{N}^2}{C} \sigma_w^2 c_2 - \frac{\sigma_p^2}{M} \right) =$$

$$\underline{= \bar{n} \left[\frac{c_2}{C} (\sigma_p^2 - \bar{N} \sigma_w^2) \right] + \frac{1}{\bar{n}} \frac{\bar{N}^2}{C} c_1 \sigma_w^2 +}$$

$$\underline{+ \left[\sigma_p^2 \left(\frac{c_1}{C} - \frac{1}{M} \right) + \frac{\bar{N} \sigma_w^2}{C} (\bar{N} c_2 - c_1) \right]} \qquad (45\,\mathrm{b})$$

Der Parameter $\bar{n}$ kann sich nun innerhalb der Grenzen 0 und $\bar{N}$ verändern. Welches ist der Wert von $\bar{n}$, für welchen der Stichprobenfehler am kleinsten wird? Um diese Frage zu beantworten, bildet man in bekannter Weise die erste Ableitung der Beziehung (45 b) und setzt diese gleich Null. Diese Operation führt zum folgenden Resultat:

$$\frac{1}{M^2} \frac{d \sigma^2_{\Sigma x\, 2\,\mathrm{ph}}}{d \bar{n}} = \frac{c_2}{C} (\sigma_p^2 - \bar{N} \sigma_w^2) - \frac{1}{\bar{n}^2} \frac{\bar{N}^2}{C} c_1 \sigma_w^2 = 0$$

Aus dieser Beziehung läßt sich $\bar{n}_{\mathrm{opt}}$ bestimmen.

$$\underline{\bar{n}_{\mathrm{opt}}} = \sqrt{\frac{\frac{c_1}{C} \bar{N}^2 \sigma_w^2}{\frac{c_2}{C} (\sigma_p^2 - \bar{N} \sigma_w^2)}} = \sqrt{\frac{c_1 \bar{N}^2 \sigma_w^2}{c_2 (\sigma_p^2 - \bar{N} \sigma_w^2)}} =$$

$$= \bar{N} \sqrt{\frac{c_1}{c_2} \frac{\sigma_w^2}{(\sigma_p^2 - \bar{N} \sigma_w^2)}} = \bar{N} \sqrt{\frac{c_1}{c_2} \frac{1}{\left(\frac{\sigma p}{\sigma w} \right)^2 - \bar{N}}} \qquad (46)$$

Ist nun

$$\sigma_p^2 - \bar{N}\,\sigma_w^2 \leq 0$$

so ist die Ableitung stets negativ, so daß wir ein Minimum des Stichprobenfehlers erhalten, wenn $\bar{n}$ gleich dem Ausdruck (46) ist. In diesem Falle ist

$$\bar{N} < \left(\frac{\sigma_p}{\sigma_w}\right)^2 \tag{47}$$

Aus der Beziehung (46) geht hervor, daß der optimale Wert von $\bar{n}$ nicht von den gesamten Erhebungskosten C, sondern von der Quadratwurzel des Kostenverhältnisses c_1/c_2 abhängt. Je mehr der Erhebungskostenfaktor c_1 für die primären Stichprobeneinheiten jenen für die sekundären Stichprobeneinheiten (c_2) übertrifft, desto größer wird auch $\bar{n}_{\text{opt}}$ sein.

Dieses Ergebnis gilt, wenn der Betrag der gesamten Erhebungskosten gegeben ist und wenn mit diesen finanziellen Mitteln möglichst zuverlässige Stichprobenresultate erzielt werden sollten. Ist aber umgekehrt die Zuverlässigkeit der Stichprobenresultate gegeben und will man mit einem möglichst kleinen Gesamtkostenaufwand diese Zuverlässigkeit erreichen, muß man folgendermaßen vorgehen.

Aus der allgemeinen Formel für den Stichprobenfehler kann man m berechnen, wobei wiederum angenommen werden kann, daß $M-1 \sim M$ und $\bar{N}-1 \sim \bar{N}$ ist. Aus der Beziehung (45a) ergibt sich der Wert m, nämlich:

$$m = \frac{M^2\left(\sigma_p^2 + \frac{1}{\bar{n}}\bar{N}^2\sigma_w^2 - \bar{N}\sigma_w^2\right)}{\sigma^2_{\Sigma x\,2\,\text{ph}} + M\sigma_p^2} \tag{48}$$

Setzt man diesen Ausdruck in die Beziehung (44) für die gesamten Erhebungskosten ein, so findet man:

$$C = \frac{M^2}{\sigma^2_{\Sigma x\,2\,\text{ph}} + M\sigma_p^2}\Big[\bar{n}\,c_2\,(\sigma_p^2 - \bar{N}\,\sigma_w^2) + \\ + \frac{1}{\bar{n}}\bar{N}^2 c_1\,\sigma_w^2 + (c_1\,\sigma_p^2 - \bar{N}\,c_1\,\sigma_w^2 + \bar{N}\,c_2\,\sigma_w^2)\Big] \tag{49}$$

Differenziert man nun die Funktion C nach $\bar{n}$ und setzt diese Ableitung gleich Null, so ergibt sich:

$$\frac{dC}{d\bar{n}} = \frac{M^2}{\sigma^2_{\Sigma x\,2\,\text{ph}} + M\sigma_p^2}\left[c_2\,(\sigma_p^2 - \bar{N}\,\sigma_w^2) - \frac{1}{\bar{n}}\bar{N}^2 c_1\,\sigma_w^2\right] = 0$$

Da nun der Faktor

$$\frac{M^2}{\sigma^2_{\Sigma x\, 2\,\mathrm{ph}} + M\,\sigma^2_p}$$

nicht Null sein kann, folgt daraus, daß

$$c_2\,(\sigma^2_p - \bar{N}\,\sigma^2_w) - \frac{1}{\bar{n}}\,\bar{N}^2\,\sigma^2_w\,c_1 = 0$$

oder

$$\bar{n}_{\mathrm{opt}} = \bar{N}\sqrt{\frac{c_1}{c_2}\,\frac{1}{\left(\frac{\sigma_p}{\sigma_w}\right)^2 - \bar{N}}}$$

d. h. also das gleiche Ergebnis wie für den Fall, daß die gesamten Erhebungskosten gegeben sind.

Setzt man nun den Wert für $\bar{n}_{\mathrm{opt}}$ in die Beziehungen für den Stichprobenfehler und für die gesamten Erhebungskosten ein, so ergeben sich der minimale Stichprobenfehler und die minimalen Erhebungskosten. Für das Stichprobenfehler-Quadrat findet man nach der Beziehung (45a):

$$\sigma^2_{\Sigma x\, 2\,\mathrm{ph\,min}} = M^2\left\{\frac{1}{m}\left[\sigma^2_p + \bar{N}\,\sigma_w\left(\sqrt{\frac{c_1}{c_2}\,(\sigma^2_p - \bar{N}\,\sigma^2_w)} - 1\right)\right] - \frac{\sigma^2_p}{M}\right\} \tag{50}$$

und für die Erhebungskosten ergibt sich nach Formel (44):

$$C_{\min} = m\left(c_1 + \bar{N}\sqrt{c_1\,c_2\,\frac{\sigma^2_w}{\sigma^2_p - \bar{N}\,\sigma^2_w}}\right) \tag{51}$$

4.6. Wiederholungs-Stichprobenplan

Der Wiederholungs-Stichprobenplan, der in der englischen Literatur als „replicated sampling" bezeichnet wird, ist von Deming entwickelt worden (8). Ansätze zu diesem Stichprobenplan finden sie bei statistischen Erhebungen in Indien aus dem Jahre 1936 (22, 23). Deming bezeichnete diesen Stichprobenplan in seinem früher erschienenen Buch „Some Theory of Sampling" (7) als Tukey-Plan, da der Statistiker John W. Tukey ebenfalls schon einen diesem Stichprobenplan ähnlichen Plan verwendet hatte.

Das Wesen des Wiederholungs-Stichprobenplanes soll nachfolgend kurz beschrieben werden. Dieser Plan ist der geschichteten Stichprobe ähnlich. Bei der geschichteten Stichprobe geht man bekanntlich so vor, daß man ein Universum in Schichten aufteilt und aus allen Schichten eine

Stichprobe zieht. Dabei stellen die in einer bestimmten Schicht gezogenen Elemente eine selbständige Stichprobe dar, was dann auch in der Stichprobenfehler-Formel für diesen Stichprobenplan zum Ausdruck kommt.

Bei der Wiederholungs-Stichprobe wird das Universum ebenfalls in Schichten aufgeteilt, die man hier als Zonen bezeichnet. Jede Zone, so wird angenommen, umfaßt gleich viele Elemente. Wiederum wird aus jeder Zone eine Stichprobe gezogen, und zwar kann man hier eine einfache Zufallsstichprobe, eine systematische Stichprobe usw. je Zone wählen. Enthält eine Zone beispielsweise 100 Elemente und sollen 10 Elemente aus jeder Zone gewählt werden, so zieht man diese 10 Elemente zufällig aus dieser Zone. Die Stichproben-Elemente aus der zweiten Zone kann man dadurch finden, daß wiederum zufällig 10 Elemente gezogen werden oder daß man beim systematischen Vorgehen zu jedem ausgewählten Element der ersten Zone 100, d. h. die Gesamtzahl der Elemente in der Zone, addiert. Zählt man diese Zahl zum ersten Element der ersten Zone, so ergibt sich das erste Element der zweiten Zone; addiert man 100 zum zweiten Element der ersten Zone, so findet man das zweite Element der zweiten Zone usw. In der Praxis wird es sich empfehlen, in systematischer Weise vorzugehen.

Dieses Vorgehen kann schematisch folgendermaßen dargestellt werden.

Zonen	Elemente der Grundgesamtheit						
	1	2	3	....	j	....	M
1	E_{11}	E_{12}	E_{13}	....	E_{1j}	....	E_{1M}
2	E_{21}	E_{22}	E_{23}	....	E_{2j}	....	E_{2M}
3	E_{31}	E_{32}	E_{33}	....	E_{3j}	....	E_{3M}
.	....	....	....	....	....	....	....
i	E_{i1}	E_{i2}	E_{i3}	....	E_{ij}	....	E_{iM}
.	....	....	....	....	....	....	....
L	E_{L1}	E_{L2}	E_{L3}	....	E_{Lj}	....	E_{LM}

Werden nun zufällig aus der ersten Zone die Elemente E_{12}, E_{13} und E_{1j} ausgewählt, so ergeben sich die Stichproben-Elemente der zweiten Zone E_{22}, E_{23} und E_{2j} und die der dritten Zone E_{32}, E_{33} und E_{3j} usw.

Abweichend von der geschichteten Stichprobe werden nun die Stichproben-Elemente, die untereinander stehen, d. h. also im angeführten Beispiel die Elemente E_{12}, E_{22}, E_{32} usw. bzw. die Elemente E_{13}, E_{23}, E_{33} usw., als Stichproben betrachtet. Es ergeben sich somit so viele Stichproben, als Elemente aus der ersten Zone ausgewählt worden sind. Diese einzelnen Stichproben werden als Unter-Stichproben bezeichnet.

Ein einfaches Beispiel soll dieses Auswahlverfahren veranschaulichen. In einer Firma mit $N = 600$ Angestellten soll stichprobenweise die Einstellung der Angestelltenschaft zu einer Verfügung der Firmenleitung ermittelt werden. Um eine bestimmte Genauigkeit der Stichprobenresultate bei gegebenem Risiko zu erhalten, soll die Stichprobe insgesamt 30 Angestellte umfassen. Weiter sollen $M = 10$ Unterstichproben gebildet werden. Die Anzahl der Zonen ist dann

$$L = \frac{n}{M} = \frac{30}{10} = 3.$$

Jede Zone umfaßt $w = 10$ stichprobenweise ausgewählte Angestellte. Das Zonenintervall ist dann

$$Z = \frac{N}{L} = \frac{600}{3} = 200.$$

Numeriert man alle Angestellten laufend von 1 bis 600, so kann die folgende Stichprobentabelle erstellt werden.

Zonen	Angestellten-nummern	Unter-Stichproben									
		1	2	3	4	5	6	7	8	9	10
1	001 — 200	68	185	74	56	149	10	144	101	139	129
2	201 — 400	268	385	274	256	349	210	344	301	339	329
3	400 — 600	468	585	474	456	549	410	544	501	539	529

Dabei sind die 10 Angestellten-Nummern der ersten Zone aus einer Zufallszahlen-Tafel entnommen. Die übrigen Angestellten-Nummern sind systematisch ermittelt worden, also beispielsweise

$$268 = 68 + 200, \quad 385 = 185 + 200 \text{ usw.}$$

Die Summe der Merkmalswerte in der Grundgesamtheit ermittelt sich aus der Beziehung

$$X = \frac{Z}{w} \sum_{i=1}^{L} \sum_{j=1}^{w} x_{ij}. \tag{52}$$

Auch bei diesem Stichprobenplan besteht das Problem, den Stichprobenfehler für den aus der Stichprobe ermittelten Schätzwert für den gesuchten Wert X zu bestimmen. Diese Schätzung der Streuung von X kann auf Grund der Formel für das Stichprobenfehler-Quadrat bei der geschichteten Stichprobe ermittelt werden. Es ist bekanntlich [Formel (20 a)]:

$$\sigma_{Xw}^2 = \sum_{i=1}^{L} Z\,(Z - w)\,\frac{\sigma_i^2}{w} = \sum_{i=1}^{L} Z^2\,\frac{Z - w}{Z}\,\frac{\sigma_i^2}{w}$$

wo

$$\sigma_i^2 = \frac{1}{w - 1} \sum_{j=1}^{w} (x_{ij} - \bar{x}_i)^2.$$

Daraus folgt

$$\sigma^2_{Xw} = Z^2 \frac{Z-w}{Z} \frac{1}{w} \frac{1}{w-1} \sum_{i=1}^{L} \sum_{j=1}^{w} (x_{ij} - \bar{x}_i)^2.$$

Wird hier

$$\frac{Z-w}{Z} \sim 1$$

gesetzt, so wird

$$\sigma^2_{Xw} = \frac{Z^2}{w(w-1)} \sum_{i=1}^{L} \sum_{j=2}^{w} (x_{ij} - \bar{x}_i)^2. \tag{53}$$

Dies ist die Formel für das Stichprobenfehler-Quadrat der Wiederholungs-Stichprobe.

Ist $w = 2$, so vereinfacht sich diese Formel. Es ist dann nämlich

$$\sum_{i=1}^{L} \sum_{j=1}^{w} (x_{ij} - \bar{x}_i)^2 = \sum_{i=1}^{L} \left[\left(x_{i1} - \frac{x_{i1} + x_{i2}}{2} \right)^2 + \left(x_{i2} - \frac{x_{i1} + x_{i2}}{2} \right)^2 \right] =$$

$$= \sum_{i=1}^{L} \left\{ \left[\frac{2x_{i1} - (x_{i1} + x_{i2})}{2} \right]^2 + \left[\frac{2x_{i2} - (x_{i1} + x_{i2})}{2} \right]^2 \right\} =$$

$$= \frac{1}{4} \sum_{i=1}^{L} [4x_{i1}^2 - 4x_{i1}(x_{i1} + x_{i2}) + (x_{i1} + x_{i2})^2 +$$

$$+ 4x_{i2}^2 - 4x_{i2}(x_{i1} + x_{i2}) + (x_{i1} + x_{i2})^2] =$$

$$= \frac{1}{4} \sum_{i=1}^{L} [4x_{i1}^2 - 4x_{i1}^2 - 4x_{i1}x_{i2} + x_{i1}^2 + 2x_{i1}x_{i2} +$$

$$+ x_{i2}^2 + 4x_{i2}^2 - 4x_{i1}x_{i2} - 4x_{i2}^2 + x_{i1}^2 + 2x_{i1}x_{i2} + x_{i2}^2] =$$

$$= \frac{1}{4} \sum_{i=1}^{L} (2x_{i1}^2 + 2x_{i2}^2 - 4x_{i1}x_{i2}) =$$

$$= \frac{1}{2} \sum_{i=1}^{L} (x_{i1} - x_{i2})^2.$$

Dadurch ergibt sich für das Stichprobenfehler-Quadrat:

$$\sigma^2_{Xw} = \frac{Z^2}{2(2-1)} \frac{1}{2} \sum_{i=1}^{L} (x_{i1} - x_{i2})^2 = \frac{Z^2}{4} \sum_{i=1}^{L} (x_{i1} - x_{i2})^2 \tag{53 a}$$

Dieser Stichprobenplan soll auf ein einfaches Beispiel angewendet werden. Der Gesamtwert eines Warenlagers, das auf verschiedene Lagergebäude verteilt ist, soll stichprobenweise bestimmt werden. Das Lager ist, so wollen wir annehmen, auf fünf Gebäude verteilt. Die gestapelten Waren werden zu Losen zusammengefaßt, wobei jedes Los ähnliche oder gleiche Waren enthält. Diese Lose werden in Zonen aufgeteilt, z. B. 50 Lose je Zone. Jedes Los in einer Zone wird laufend numeriert, in unserem Falle also von 1 bis 50. Hierauf werden für jede Zone zwei Zufallszahlen angegeben, die zwei bestimmte Lose in der betreffenden Zone bezeichnen, die in die Stichprobe aufgenommen werden. Es werden also zwei Unter-Stichproben gebildet. Die Aufteilung der Waren auf Lose, ihre Numerierung und die zufällige Bestimmung der Lose, die in die Stichprobe fallen, werden für alle Lagergebäude durchgeführt. Die Ergebnisse sind nachfolgend zusammengestellt.

Lager-gebäude	Anzahl Lose	Anzahl Zonen	Ergebnisse der Unter-Stichproben (Wert in Fr.)		Abweichungen	
			1	2	a_i	a_i^2
1	150	3	3 750	3 600	150	22 500
2	200	4	4 970	5 080	−110	12 100
3	200	4	5 010	4 910	100	10 000
4	150	3	3 800	3 980	−180	32 400
5	100	2	3 500	3 320	180	32 400
Zusammen	800	16	21 030	20 890	140	109 400

Die Ergebnisse der Unter-Stichproben in den einzelnen Lagergebäuden sollen Zonen-Durchschnitte darstellen. Der geschätzte Wert des Warenlagers ist:

für die 1. Unter-Stichprobe: $W_1 = 50 \sum_{i=1}^{16} x_{i1} = 50 \cdot 21\,030 = 10\,515\,000,$

für die 2. Unter-Stichprobe: $W_2 = 50 \sum_{i=1}^{16} x_{i2} = 50 \cdot 20\,890 = 10\,445\,000.$

Das arithmetische Mittel aus diesen beiden Schätzungen ist:

$$\underline{\overline{W}} = \frac{W_1 + W_2}{2} = \frac{10\,515\,000 + 10\,445\,000}{2} = 10\,480\,000$$

Dies ist der Schätzwert des ganzen Lagers. Der entsprechende Stichprobenfehler kann nach der Formel (53 a) berechnet werden, da hier nur zwei Unter-Stichproben gebildet worden sind.

$$\underline{\sigma_{X w}} = \frac{50}{2} \sqrt{\sum_{i=1}^{16} (x_{i1} - x_{i2})^2} = 25 \sqrt{\sum_{i=1}^{16} a_i^2} = 25 \sqrt{109\,400} \underline{= 8269}$$

Mit einem Risiko von rund 5 % dürfte der wahre Lagerwert innerhalb der Grenzen $10\,480\,000 \pm 2 \cdot \sigma_{X w} = 10\,480\,000 \pm 16\,538$ zu erwarten sein.

Die Wiederholungs-Stichprobe hat offenbar die Vorteile, daß sie einfacher durchzuführen ist und daß sie wegen des Prinzips der Wiederholung (es fallen zwei oder mehr Stichproben gleichzeitig an) auf Erhebungsfehler und Ungenauigkeiten der Daten weniger empfindlich ist als die anderen Stichprobenpläne.

5. Stichproben-Schätzverfahren

Bei den Stichproben-Schätzverfahren handelt es sich nicht um Stichprobenpläne, bei welchen bestimmte Auswahlverfahren angewendet werden, sondern um Schätzverfahren, um die Genauigkeit der Stichprobenresultate auf Grund von anderen, ergänzenden Informationen zu erhöhen. Diese Schätzverfahren können folglich bei jedem der angeführten Stichprobenpläne verwendet werden. Man unterscheidet zwei Schätzverfahren, die Verhältnis- und die Regressions-Schätzung. Die Verhältnis-Schätzung kann dabei als ein Spezialfall der Regressions-Schätzung betrachtet werden. Die folgenden Ausführungen beziehen sich auf die einfache Zufallsstichprobe. Eine Übertragung der Grundidee der Stichproben-Schätzverfahren auf andere Stichprobenpläne ist ohne weiteres möglich.

5.1. Verhältnis-Schätzung

Es ist sicherlich bemerkt worden, daß bei allen dargelegten Stichprobenplänen ein bestimmtes Vorgehen eingehalten wurde. Das Ziel jeder Stichprobenuntersuchung, einen bestimmten Parameter der Grundgesamtheit (Mittelwert, Summe) zu schätzen, wurde dadurch erreicht, daß der entsprechende Parameter in einer Stichprobe ermittelt und dieser dann auf die Grundgesamtheit übertragen wurde.

Bei den Stichproben-Schätzverfahren ist das Vorgehen ein grundsätzlich anderes. Hier wird ein Verhältnis v_V auf Grund einer Stichprobe ermittelt und dieses als Schätzung des entsprechenden Verhältnisses in der Grundgesamtheit V_V verwendet. Auf Grund dieses geschätzten Verhältnisses in der Grundgesamtheit wird nun auf den gesuchten Parameter in der Grundgesamtheit geschlossen. Für die Schätzung des Verhältnisses in der Stichprobe kann irgendein Stichprobenplan herangezogen werden. Das Vorgehen für die Schätzung des gesuchten Parameters in der Grundgesamtheit bleibt das gleiche.

Bei der Verhältnis-Schätzung versucht man, das Untersuchungsziel auf dem Umweg der Schätzung eines Verhältnisses zu erreichen. Dieser Umweg lohnt sich in bestimmten Fällen, da dadurch die Genauigkeit der Stichprobenresultate u. U. erhöht werden kann. So könnte man bei der stichprobenweisen Bestimmung der Ausgaben für Miete in Haushaltungen so vorgehen, daß man zuerst das Verhältnis der Ausgaben für Miete zu den Gesamtausgaben stichprobenweise erheben könnte, und dann, gestützt auf dieses Verhältnis, die wirklichen Ausgaben für Miete ermittelt, wenn ein bestimmter Wert der durchschnittlichen Gesamtausgaben zugrunde gelegt wird. Als Beispiel soll ein Universum angenommen werden, das, so wollen wir vereinfachend annehmen, insgesamt vier Haushaltungen umfaßt. Aus diesen soll eine Stichprobe von zwei Haushaltungen entnommen werden. Die Grundgesamtheit sei folgendermaßen zusammengesetzt:

Haushaltungen i	Jährliche Ausgaben (Fr.)	
	für Miete X_i	insgesamt Y_i
1	4 500	15 000
2	3 000	10 000
3	8 000	25 000
4	7 000	30 000
Zusammen	22 500	80 000

In diesem einfachen Falle können insgesamt $\binom{4}{2} = 6$ verschiedene Stichproben entnommen werden, nämlich:

Stichproben i, j	Jährliche Ausgaben (Fr.)		Verhältnis v_V
	für Miete $x_i + x_j$	insgesamt $y_i + y_j$	$\frac{x_i + x_j}{y_i + y_j}$
1,2	7 500	25 000	0,30
1,3	12 500	40 000	0,31
1,4	11 500	45 000	0,26
2,3	11 000	35 000	0,31
2,4	10 000	40 000	0,25
3,4	15 000	55 000	0,27

Das Verhältnis in der Grundgesamtheit V_V ist gleich:

$$V_V = \frac{\sum_{i=1}^{4} X_i}{\sum_{i=1}^{4} Y_i} = \frac{22\,500}{80\,000} = 0{,}28 \left(= \frac{\bar{X}}{\bar{Y}} \right)$$

Wird angenommen, daß die Stichprobe (2,3) gezogen worden ist, so kann man auf Grund des stichprobenweise erhaltenen Verhältnisses 0,31 die jährlichen durchschnittlichen Ausgaben für Miete in Haushaltungen mit jährlichen durchschnittlichen Gesamtausgaben von Fr. 20 000,— bestimmen. Diese beziffern sich im vorliegenden Falle auf $0{,}31 \cdot 20\,000 = 6200$.

Bei der Verhältnis-Schätzung geht es also darum, aus der Stichprobe das Verhältnis

$$v_V = \frac{\sum\limits_{i=1}^{n} x_i}{\sum\limits_{i=1}^{n} y_i} = \frac{\bar{x}}{\bar{y}}$$

zu bestimmen und diese Schätzung als repräsentativ für das entsprechende Verhältnis in der Grundgesamtheit

$$V_V = \frac{\sum\limits_{i=1}^{N} X_i}{\sum\limits_{i=1}^{N} Y_i} = \frac{\bar{X}}{\bar{Y}}$$

zu betrachten. Aus diesem stichprobenweise gewonnenen Verhältnis wird dann beispielsweise für den Wert $\bar{Y}$ der entsprechende Wert $\bar{X}$ ermittelt.

Das stichprobentheoretische Problem besteht nun darin, den Stichprobenfehler für die Verhältnis-Schätzung v_V zu berechnen. Wie der nachfolgenden Ableitung entnommen werden kann, ist v_V eine unverzerrte Schätzung von V_V. Zu diesem Zweck werden die Bestimmungsgrößen von v_V, nämlich $\bar{x}$ und $\bar{y}$, etwas umgeformt. Es ist nämlich:

$$\bar{x} = \bar{x} + \bar{X} - \bar{X} = \bar{X}\left(1 + \frac{\bar{x} - \bar{X}}{\bar{X}}\right)$$

und

$$\bar{y} = \bar{y} + \bar{Y} - \bar{Y} = \bar{Y}\left(1 + \frac{\bar{y} - \bar{Y}}{\bar{Y}}\right).$$

Setzt man diese Werte in die Formel für v_V ein, so ergibt sich:

$$v_V = \frac{\bar{x}}{\bar{y}} = \frac{\bar{X}}{\bar{Y}} \frac{[1 + (\bar{x} - \bar{X})/\bar{X}]}{[1 + (\bar{y} - \bar{Y})/\bar{Y}]}$$

Die Beziehung

$$\frac{1}{[1 + (\bar{y} - \bar{Y})/\bar{Y}]} = [1 + (\bar{y} - \bar{Y})/\bar{Y}]^{-1}$$

wird nun durch eine Taylor-Reihe dargestellt. Es folgt daraus:

$$\underline{v_V} = \frac{\bar{X}}{\bar{Y}}[1 + (\bar{x} - \bar{X})/\bar{X}]\,[1 - (\bar{y} - \bar{Y})/\bar{Y} + (\bar{y} - \bar{Y})^2/\bar{Y}^2 - + \ldots] = \quad (54)$$

$$\underline{= V_V[1 + (\bar{x} - \bar{X})/\bar{X} - (\bar{y} - \bar{Y})/\bar{Y} + (\bar{y} - \bar{Y}^2/\bar{Y}^2 - (\bar{x} - \bar{X})\,(\bar{y} - \bar{Y})/\bar{X}\bar{Y} + \ldots]}$$

Bei einer verhältnismäßig großen Stichprobe nähern sich die Werte $\bar{y}$ und $\bar{Y}$ einander an. Setzt man unter dieser Annahme $\bar{y} \sim \bar{Y}$, so findet man auf Grund von Formel (54):

$$v_V \sim V_V \left(1 + \frac{\bar{x} - \bar{X}}{\bar{X}}\right) = V_V + V_V \frac{\bar{x} - \bar{X}}{\bar{X}}$$

Der Erwartungswert von v_V ist dann:

$$\underline{E(v_V)} = V_V + \frac{V_V}{\bar{X}} E(\bar{x} - \bar{X}) = \underline{V_V}$$

d. h. daß in diesem Falle v_V eine unverzerrte Schätzung von V_V ist.

Nimmt man nun an, daß die Differenz $(\bar{y} - \bar{Y})$ einen endlichen Wert annimmt, daß also $\bar{y}$ dem Wert $\bar{Y}$ nicht ungefähr gleichgesetzt werden darf, so kann man annehmen, daß entweder das Quadrat und höhere Potenzen der Differenz $(\bar{y} - \bar{Y})$ sowie das Produkt $(\bar{x} - \bar{X})(\bar{y} - \bar{Y})$ oder aber nur die auf dieses Produkt folgenden Produkte vernachlässigt werden können.

Im ersten Falle ergibt sich:

$$v_V \sim V_V \left(\frac{\bar{x} - \bar{X}}{\bar{X}} - \frac{\bar{y} - \bar{Y}}{\bar{Y}}\right)$$

und

$$\underline{E(v_V)} = V_V + \frac{V_V}{\bar{X}} E(\bar{x} - \bar{X}) - \frac{V_V}{\bar{Y}} E(\bar{y} - \bar{Y}) = \underline{V_V}$$

Auch in diesem Falle ist v_V eine unverzerrte Schätzung von V_V.

Im zweiten Falle erhält man aber:

$$v_V \sim V_V \left[1 + \frac{\bar{x} - \bar{X}}{\bar{X}} - \frac{\bar{y} - \bar{Y}}{\bar{Y}} + \frac{(\bar{y} - \bar{Y})^2}{\bar{Y}^2} - \frac{(\bar{x} - \bar{X})(\bar{y} - \bar{Y})}{\bar{X}\bar{Y}}\right]$$

und

$$E(v_V) = V_V + \frac{V_V}{\bar{Y}^2} E(\bar{y} - \bar{Y})^2 - \frac{V_V}{\bar{X}\bar{Y}} E(\bar{x} - \bar{X})(\bar{y} - \bar{Y}).$$

In dieser Beziehung ist $E(\bar{y} - \bar{Y})^2$ die Streuung von $\bar{y}$ bezüglich $\bar{Y}$, d. h.

$$E(\bar{y} - \bar{Y})^2 = \frac{N - n}{n - 1} \frac{\sigma_y^2}{n}.$$

Weiter ist

$$E\,(\bar{x} - \bar{X})\,(\bar{y} - \bar{Y}) = \frac{N-n}{N-1}\,\frac{\sigma_x \sigma_y}{n}\,\varrho$$

wo ϱ wiederum den Zwischenklassen-Korrelationskoeffizienten darstellt. Berücksichtigt man diese Ergebnisse in der Beziehung für $E\,(v_V)$, so findet man:

$$E\,(v_V) = V_V + \frac{V_V}{\bar{Y}^2}\,\frac{N-n}{N-1}\,\frac{\sigma_y^2}{n} - \frac{V_V}{\bar{X}\,\bar{Y}}\,\frac{N-n}{N-1}\,\frac{\sigma_x \sigma_y}{n}\,\varrho$$

Die Verzerrung ist in diesem Falle folglich:

$$\underline{E\,(v_V - V_V)} = \frac{V_V}{\bar{Y}^2}\,\frac{N-n}{N-1}\,\frac{\sigma_y^2}{n} - \frac{\bar{X}}{\bar{Y}}\,\frac{1}{\bar{X}\,\bar{Y}}\,\frac{N-n}{N-1}\,\frac{\sigma_x \sigma_y}{n}\,\varrho =$$

$$= \frac{V_V}{\bar{Y}^2}\,\frac{N-n}{N-1}\,\frac{\sigma_y^2}{n} - \frac{1}{\bar{Y}^2}\,\frac{N-n}{N-1}\,\frac{\sigma_x \sigma_y}{n}\,\varrho =$$

$$\underline{= \frac{N-n}{N-1}\,\frac{\sigma_y}{\bar{Y}^2}\,(V_V\,\sigma_y - \sigma_x\,\varrho)} \tag{55}$$

In diesem Falle besteht folglich nur dann keine Verzerrung, wenn

$$V_V\,\sigma_y - \sigma_x\,\varrho = 0$$

oder

$$\underline{V_V\,\sigma_y = \sigma_x\,\varrho} \tag{55 a}$$

ist. Es stellt sich nun die Frage, was diese Beziehung bedeutet.

Trägt man die Wertepaare (X_i, Y_i) in ein rechtwinkliges Koordinatensystem ein, in welchem auf der Abszissenachse die Werte Y_i und auf der Ordinatenachse die Werte X_i aufgetragen sind, so kann man die sich dadurch ergebenden Punkte im 1. Quadranten dieses Koordinatensystems (X_i und Y_i sind positive Werte) durch eine Gerade kennzeichnen. Geht diese Gerade durch den Koordinatenursprung, so besteht offenbar die Beziehung

$$\frac{\bar{X}}{\bar{Y}} = \operatorname{tg}\alpha = b$$

wo b die Steigung oder den Richtungskoeffizienten dieser Geraden bezeichnet (Abb. 5). Dieser Richtungskoeffizient ist also gleich dem Verhältnis V_v. Die Beziehung (55 a) kann folglich auch folgendermaßen geschrieben werden:

$$\underline{V_V\,\sigma_y = b\,\sigma_y = \sigma_x\,\varrho} \tag{55 b}$$

Die Steigung dieser Geraden kann beispielsweise nach der Methode der kleinsten Abweichungsquadrate berechnet werden. Diese Methode ist durch die folgende Definitionsbeziehung gekennzeichnet:

$$\sum_{i=1}^{N} [X_i - f(Y_i)]^2 = \min$$

wo $f(Y_i)$ in unserem Falle die Funktion einer Geraden darstellt, die durch den Koordinatenursprung geht. Es ist also

$$X_i' = f(Y_i) = b\,Y_i.$$

Subtrahiert man auf beiden Seiten dieser Beziehung $\overline{X}$, so erhält man:

$$X_i' - \overline{X} = b\,Y_i - \overline{X} = b\,Y_i - \overline{X} + b\,\overline{Y} - b\,\overline{Y} = b\,\overline{Y} - \overline{X} + b\,(Y_i - \overline{Y}).$$

Setzt man

$$X_i' - \overline{X} = x_i, \quad b\,\overline{Y} - \overline{X} = \beta_0 \quad \text{und} \quad Y_i - \overline{Y} = y_i$$

so findet man:

$$x_i = \beta_0 + b\,y_i$$

Die unbekannten Parameter β_0 und b werden nun nach der Methode der

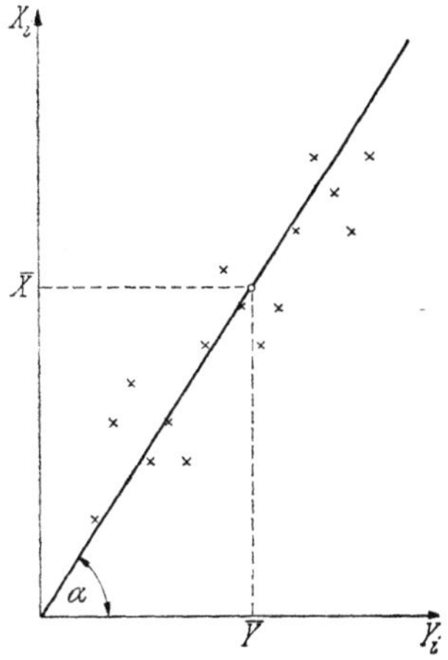

Abb. 5. Verhältnis-Schätzung

kleinsten Abweichungsquadrate bestimmt. Die zu minimisierende Funktion ist

$$F = \sum_{i=1}^{N} [x_i - (\beta_0 - b\,y_i)]^2$$

oder

$$F=\sum_{i=1}^{N} x_i^2-2\beta_0\sum_{i=1}^{N} x_i-2b\sum_{i=1}^{N} x_i y_i+N\beta_0^2+2b\beta_0\sum_{i=1}^{N} y_i+b^2\sum_{i=1}^{N} y_i^2$$

Daraus folgt

$$\frac{dF}{d\beta_0}=-2\sum_{i=1}^{N} x_i+2N\beta_0+2b\sum_{i=1}^{N} y_i=0$$

$$\frac{dF}{db}=-2\sum_{i=1}^{N} x_i y_i+2\beta_0\sum_{i=1}^{N} y_i+2b\sum_{i=1}^{N} y_i^2=0$$

Diese beiden Beziehungen ergeben die Normalgleichungen:

$$N\beta_0+b\sum_{i=1}^{N} y_i=\sum_{i=1}^{N} x_i$$

$$\beta_0\sum_{i=1}^{N} y_i+b\sum_{i=1}^{N} y_i^2=\sum_{i=1}^{N} x_i y_i$$

Aus diesen beiden Normalgleichungen läßt sich der gesuchte Parameter b bestimmen; er ist gleich

$$b=\frac{\sum_{i=1}^{N} x_i \sum_{i=1}^{N} y_i-N\sum_{i=1}^{N} x_i y_i}{(\sum_{i=1}^{N} y_i)^2-N\sum_{i=1}^{N} y_i^2}=\frac{\sum_{i=1}^{N} x_i y_i-(1/N)\sum_{i=1}^{N} x_i\sum_{i=1}^{N} y_i}{(1/N)(\sum_{i=1}^{N} y_i)^2-\sum_{i=1}^{N} y_i^2}.$$

Durch Umformen erhält man

$$b=\frac{\sum_{i=1}^{N}(x_i-\overline{X})(y_i-\overline{Y})}{\sum_{i=1}^{N}(y_i-\overline{Y})^2}=\frac{\operatorname{Cov}(x,y)}{\sigma_y^2}. \tag{55 c}$$

Setzt man dieses Resultat in die Beziehung (55 b) ein, so folgt unmittelbar:

$$V_V\sigma_y=\frac{\operatorname{Cov}(x,y)}{\sigma_y^2}\sigma_y=\frac{\operatorname{Cov}(x,y)}{\sigma_y} \tag{56}$$

Die rechte Seite von Formel (55 b) ist gleich $\sigma_x\varrho$, wo

$$\varrho=\frac{\operatorname{Cov}(x,y)}{\sigma_x\sigma_y}.$$

Daraus folgt

$$\sigma_x \varrho = \frac{\text{Cov}\,(x, y)}{\sigma_y} \tag{56 a}$$

d. h. also der gleiche Wert wie in Beziehung (56).

Die Beziehungen (55 b) bzw. (55 a) haben sich aus der Nullsetzung der Beziehung $(V_V \sigma_y - \sigma_x \varrho)$ ergeben. Nun haben wir gesehen, daß diese Nullsetzung erfüllt ist, wenn die Gerade durch die Wertepaare (X_i, Y_i) durch den Koordinatenursprung geht. Das Verhältnis v_V ist also für den hier betrachteten Fall nur dann eine unverzerrte Schätzung des Verhältnisses V_V, wenn die Gerade durch den Koordinatenursprung geht. Andernfalls besteht eine Verzerrung, deren Ausmaß auf Grund der Beziehung (55) durch den folgenden Ausdruck gegeben ist.

$$\begin{aligned}
\underline{E\,(v_V - V_v)} &= \frac{N-n}{N-1}\,\frac{\sigma_y}{\overline{Y}^2}\,(V_V \sigma_y - \sigma_x \varrho) = \\
&= \frac{N-n}{N-1}\,\frac{\sigma_y}{\overline{Y}^2}\left(\frac{\overline{X}}{\overline{Y}}\,\sigma_y - \sigma_x \varrho\right) = \\
&= \frac{N-n}{N-1}\,\sigma_y V_V\left(\frac{1}{\overline{Y}^2}\,\sigma_y - \frac{1}{\overline{Y}^2}\,\frac{\overline{Y}}{\overline{X}}\,\sigma_x \varrho\right) = \\
&= \frac{N-n}{N-1}\,V_V\left(\frac{\sigma_y^2}{\overline{Y}^2} - \frac{\sigma_x}{\overline{X}}\,\frac{\sigma_y}{\overline{Y}}\,\varrho\right) = \\
&= \frac{N-n}{N-1}\,V_V\,[(VK)_y^2 - (VK)_x\,(VK)_y\,\varrho]
\end{aligned} \tag{57}$$

wo $(VK)_x$ den Variabilitätskoeffizienten bezüglich x und $(VK)_y$ jenen bezüglich y bezeichnen.

Eine Kernfrage der Stichprobentheorie ist die nach der Streuung eines Schätzwertes, d. h. nach dem Stichprobenfehler. So stellt sich auch hier die Frage nach der Streuung der Verhältnis-Schätzung v_V. Diese ist grundsätzlich durch die Beziehung

$$\sigma_{v_V}^2 = E\,(v_V - V_V)^2 \tag{58}$$

bestimmt. Die Aufgabe besteht also darin, diesen Erwartungswert zu bestimmen.

Aus den Definitionsgleichungen

$$V_V = \frac{\overline{X}}{\overline{Y}} \quad \text{und} \quad v_V = \frac{\overline{x}}{\overline{y}}$$

ergeben sich die Beziehungen

$$\bar{X} = V_V \bar{Y} \quad \text{und} \quad \bar{x} = v_V \bar{y}.$$

Nun ist der Stichprobenwert $\bar{y}$ ungefähr gleich dem entsprechenden Wert in der Grundgesamtheit $\bar{Y}$, da $\bar{y}$ eine Stichproben-Schätzung von $\bar{Y}$ ist. Auf Grund dieser Feststellung folgt

$$\bar{X} = V_V Y \sim V_V \bar{y}.$$

Weiter ist

$$\bar{x} = v_V \bar{y}.$$

Daraus folgt die Proportion

$$\frac{\bar{x}}{\bar{X}} = \frac{v_V}{V_V}$$

oder

$$\bar{x}\, V_V = \bar{X}\, v_V.$$

Drückt man in dieser Beziehung v_V durch V_V aus, so folgt

$$v_V = V_V \frac{\bar{x}}{\bar{X}}.$$

Dieser Ausdruck kann auch folgendermaßen geschrieben werden:

$$v_V \sim V_V \frac{\bar{x}}{\bar{X}} + V_V - V_V = V_V \left(1 + \frac{\bar{x} - \bar{X}}{\bar{X}}\right)$$

Uns interessiert aber die Abweichung zwischen v_V und V_V, d. h. also

$$v_V - V_V = \frac{\bar{x} - \bar{X}}{\bar{X}} \cdot V_V = \frac{\bar{x} - \bar{X}}{\bar{X}} \frac{\bar{X}}{\bar{Y}} = \frac{\bar{x} - \bar{X}}{\bar{Y}} = \frac{\bar{x} - V_V \bar{Y}}{\bar{Y}} \sim \frac{\bar{x} - V_V \bar{y}}{\bar{Y}}.$$

Ersetzt man die Mittelwerte $\bar{x}$ und $\bar{y}$ durch die entsprechenden Merkmalswerte, so ergibt sich

$$v_V - V_V \sim \frac{1}{\bar{Y}} \left(\frac{\sum\limits_{i=1}^{n} x_i}{n} - V_V \frac{\sum\limits_{i=1}^{n} y_i}{n} \right) = \frac{1}{\bar{Y}} \left[\frac{1}{n} \sum_{i=1}^{n} (x_i - V_V y_i) \right]$$

In dieser Beziehung kann einfachheitshalber die Differenz $(x_i - V_V y_i)$ durch das Symbol d_i ersetzt werden. Unter dieser Annahme ergibt sich:

$$v_V - V_V \sim \frac{1}{\overline{Y}} \left[\frac{1}{n} \sum_{i=1}^{n} d_i \right]$$

Weiter kann man

$$\frac{1}{n} \sum_{i=1}^{n} d_i = \overline{d}$$

setzen. Überträgt man dies auf die Grundgesamtheit, so findet sich:

$$\overline{D} = \frac{\sum_{i=1}^{N} d_i}{N} = \frac{1}{N} \sum_{i=1}^{N} (x_i - V_V y_i) = \overline{X} - \overline{V}_V Y = 0$$

Dieses Resultat ermöglicht es uns, für die Differenz $(v_V - V_V)$ den folgenden Ausdruck zu schreiben:

$$v_V - V_V = \frac{1}{\overline{Y}} (\overline{d} - \overline{D})$$

Daraus folgt:

$$E\,(v_V - V_V)^2 = E \left[\frac{1}{\overline{Y}} (\overline{d} - \overline{D}) \right]^2 = \frac{1}{\overline{Y}^2} E\,(\overline{d} - \overline{D})^2$$

Der Erwartungswert auf der rechten Seite dieser Formel stellt die Streuung des Stichproben-Wertes $\overline{d}$ bezüglich $\overline{D}$ dar, d. h.

$$E\,(\overline{d} - \overline{D})^2 = \frac{N-n}{N-1} \frac{\sigma_d^2}{n}$$

wo

$$\sigma_d^2 = \frac{\sum_{i=1}^{N} (d_i - \overline{D})^2}{N-1}$$

ist. Nun ist bekanntlich $\overline{D} = 0$. Dadurch ergibt sich:

$$\underline{E\,(v_V - V_V)^2} = \sigma_v^2 = \frac{1}{\overline{Y}^2} \frac{N-n}{N-1} \frac{\sum_{i=1}^{N} d_i^2}{n\,(N-1)} = \frac{1}{\overline{Y}^2} \frac{N-n}{N-1} \frac{\sigma_d^2}{n} =$$

$$\underline{= \frac{1}{\overline{Y}^2} \frac{N-n}{n\,(N-1)^2} \sum_{i=1}^{N} (x_i - V_V y_i)^2} \qquad (59)$$

Nun geht es darum, den Ausdruck

$$\sum_{i=1}^{N} (x_i - V_V y_i)^2$$

zu bestimmen. Diese Summe ist offensichtlich gleich dem folgenden Ausdruck:

$$\sum_{i=1}^{N} (x_i - V_V y_i)^2 = \sum_{i=1}^{N} [x_i - V_V y_i - (\overline{X} - V_V \overline{Y})]^2$$

wo bekanntlich $\overline{X} - V_V \overline{Y} = 0$ ist.

$$\sum_{i=1}^{N} (x_i - V_V y_i)^2 = \sum_{i=1}^{N} [(x_i - \overline{X}) - V_V (y_i - \overline{Y})]^2 =$$

$$= \sum_{i=1}^{N} (x_i - X)^2 - 2 V_V \sum_{i=1}^{N} (x_i - \overline{X})(y_i - \overline{Y}) +$$

$$+ V_V^2 \sum_{i=1}^{N} (y_i - Y)^2$$

In diese Beziehung kann man die folgenden Ausdrücke einsetzen:

$$\sum_{i=1}^{N} (x_i - \overline{X})^2 = (N-1)\, \sigma_x^2$$

$$\sum_{i=1}^{N} (y_i - \overline{Y})^2 = (N-1)\, \sigma_y^2$$

$$\sum_{i=1}^{N} (x_i - \overline{X})(y_i - \overline{Y}) = (N-1)\, \sigma_x \sigma_y \varrho$$

Es ergibt sich somit:

$$\underline{\sum_{i=1}^{N} (x_i - V_V y_i)^2 = (N-1)(\sigma_x^2 + V_V^2 \sigma_y^2 - 2 V_V \sigma_x \sigma_y \varrho)} \tag{60}$$

Setzt man diese Beziehung in die Formel (59) ein, so ergibt sich:

$$\underline{\sigma_v^2} = \frac{1}{\overline{Y}^2} \frac{N-n}{n(N-1)^2} (N-1)(\sigma_x^2 + \sigma_y^2 V_V^2 - 2 V_V \sigma_x \sigma_y \varrho) =$$

$$\underline{= \frac{1}{\overline{Y}^2} \frac{N-n}{n(N-1)} (\sigma_x^2 + V_V^2 \sigma_y^2 - 2 V_V \sigma_x \sigma_y \varrho)} \tag{61}$$

Dies stellt die Beziehung für das Stichprobenfehler-Quadrat für die Verhältnis-Schätzung v_V dar. Eine Schätzung von σ_v^2 erhält man, wenn man für $\overline{Y}$ den Schätzwert aus der Stichprobe $\overline{y}$ einsetzt und wenn σ_x^2 und σ_y^2 die Streuungsschätzungen für die Merkmale x und y aus der Stichprobe darstellen.

Die praktische Bedeutung des Stichprobenfehlers besteht, wie bei jedem Stichprobenplan, darin, den erforderlichen Stichprobenumfang n zu bestimmen. Zu diesem Zwecke müssen bekanntlich eine Genauigkeit d und das Risiko einer Fehlschätzung k festgesetzt werden [vgl. Formel (2)]. Mit diesen Angaben, und nachdem der Stichprobenfehler des entsprechenden Stichprobenplanes eingeführt worden ist, läßt sich der notwendige Stichprobenumfang berechnen, der mit dem gewählten Risiko die geforderte Genauigkeit ergeben dürfte.

5.2. Regressions-Schätzung

Die Regressions-Schätzung entspricht grundsätzlich der Verhältnis-Schätzung. Auch hier wird versucht, die Repräsentativität eines Stichprobenresultates dadurch zu erhöhen, daß man eine zusätzliche Variable einführt, die mit der zu untersuchenden Veränderlichen verbunden ist. Bei der Verhältnis-Schätzung handelte es sich um eine proportionale Verbundenheit. Diese kann durch eine Gerade gekennzeichnet werden, die die eine Variable als Funktion der anderen darstellt und die durch den Koordinatenursprung geht.

Bei der Regressions-Schätzung wird die Bedingung fallengelassen, daß diese Gerade durch den Koordinatenursprung gehen muß. Diese Beziehung wird ganz allgemein durch die folgende lineare Funktion dargestellt:

$$x_i = a + \beta y_i \tag{62}$$

wo $a \neq 0$ ist. Für den Steigungskoeffizienten β ergibt sich nach der Methode der kleinsten Abweichungsquadrate [Formel (55 c)]:

$$\beta = \frac{\sum_{i=1}^{N} (x_i - \overline{X})(y_i - \overline{Y})}{\sum_{i=1}^{N} (y_i - \overline{Y})^2} \tag{63}$$

bzw.

$$b = \frac{\sum_{i=1}^{n} (x_i - \overline{x})(y_i - \overline{y})}{\sum_{i=1}^{n} (y_i - \overline{y})^2} \tag{63 a}$$

Ist das arithmetische Mittel in der Grundgesamtheit $\overline{X}$ auf Grund einer Regressions-Schätzung zu bestimmen, so kann man folgende Beziehung zugrunde legen:

$$\bar{x}_R = \bar{x} + b\,(\overline{Y} - \bar{y})\ ^1 \tag{64}$$

wo $\bar{x}_R$ die Regressionsschätzung für $\overline{X}$ bezeichnet, oder auch

$$x_i = \overline{X} + \beta\,(y_i - Y_i) + e_i \tag{64 a}$$

wo e_i Abweichungen der Regressions-Schätzung von den entsprechenden zu schätzenden Variablen darstellen und $\sum_{i=1}^{N} e_i = 0$ ist.

Um den Stichprobenfehler einer Regressions-Schätzung in einer einfachen Stichprobe zu bestimmen, geht man von der Grundbeziehung (64) aus. Den Wert $\bar{x}$ kann man aus der Beziehung (64 a) ermitteln, wenn man das arithmetische Mittel aller x_i-Werte bestimmt, d. h. also:

$$\frac{\sum_{i=1}^{N} x_i}{N} = \bar{x} = \overline{X} + \beta\,(\bar{y} - \overline{Y}) + \bar{e}$$

Somit ergibt sich:

$$\begin{aligned} \bar{x}_R &= \overline{X} + \beta\,(\bar{y} - \overline{Y}) + \bar{e} + b\,(\overline{Y} - \bar{y}) = \\ &= \overline{X} + (\beta - b)\,(\overline{Y} - \bar{x}) + \bar{e} \end{aligned} \tag{65}$$

Kann der Unterschied zwischen der Stichproben-Schätzung des Steigungskoeffizienten b und dem wahren Wert dieses Parameters in der Grundgesamtheit β als praktisch vernachlässigbar klein angesehen werden, so wird aus der Formel (65)

$$\bar{x}_R = \overline{X} + \bar{e} \quad \text{oder} \quad \bar{x}_R - \overline{X} = \bar{e}.$$

Das Stichprobenfehler-Quadrat der Regressions-Schätzung ist nun

$$\sigma^2_{\bar{x}_R} = E\,(\bar{x}_R - \overline{X})^2 = E\,(\bar{e}^2)$$

d. h. gleich der Streuung des arithmetischen Mittels der Abweichungen e_i. Diese ist aber gleich

$$\sigma^2_{\bar{x}_R} = \frac{N-n}{N-1}\,\frac{\sigma^2_e}{n}. \tag{66}$$

[1] Ist statt des arithmetischen Mittels eine Summe zu schätzen, so ist die Regressions-Schätzung $X_R = N\bar{x}_R$.

Nun besteht voraussetzungsgemäß eine Beziehung zwischen den Variablen x_i und y_i, die durch den Korrelationskoeffizienten ϱ gekennzeichnet werden kann. Dieser ist bekanntlich gleich

$$\varrho = \frac{\sum_{i=1}^{N} (x_i - \overline{X})(y_i - \overline{Y})}{\sqrt{\sum_{i=1}^{N} (x_i - \overline{X})^2 \sum_{i=1}^{N} (y_i - \overline{Y})^2}}.$$

Berücksichtigt man hier die Beziehung (63), so ergibt sich

$$\varrho = \frac{\beta \sum_{i=1}^{N} (y_i - \overline{Y})^2}{\sqrt{\sum_{i=1}^{N} (x_i - \overline{X})^2 \sum_{i=1}^{N} (y_i - \overline{Y})^2}} = \beta \sqrt{\frac{\sum_{i=1}^{N} (y_i - \overline{Y})^2}{\sum_{i=1}^{N} (x_i - \overline{X})^2}}. \tag{67}$$

Weiter geht aus Beziehung (64 a) hervor:

$$\sum_{i=1}^{N} e_i^2 = \sum_{i=1}^{N} [(x_i - \overline{X}) - \beta (y_i - \overline{Y})]^2 =$$

$$= \sum_{i=1}^{N} (x_i - \overline{X})^2 - 2\beta \sum_{i=1}^{N} (x_i - \overline{X})(y_i - \overline{Y}) + \beta^2 \sum_{i=1}^{N} (y_i - \overline{Y})^2$$

Da sich nun aus Formel (63) die folgende Beziehung ableiten läßt:

$$\beta^2 \sum_{i=1}^{N} (y_i - \overline{Y})^2 = \beta \sum_{i=1}^{N} (x_i - \overline{X})(y_i - \overline{Y})$$

ergibt sich weiter:

$$\sum_{i=1}^{N} e_i^2 = \sum_{i=1}^{N} (x_i - \overline{X})^2 - \beta^2 \sum_{i=1}^{N} (y_i - \overline{Y})^2$$

Nach der Beziehung (67) ist aber

$$\beta^2 \sum_{i=1}^{N} (y_i - \overline{Y})^2 = \varrho^2 \sum_{i=1}^{N} (x_i - \overline{X})^2.$$

Folglich ergibt sich:

$$\sum_{i=1}^{N} e_i^2 = \sum_{i=1}^{N} (x_i - \overline{X})^2 - \varrho^2 \sum_{i=1}^{N} (x_i - \overline{X})^2 = (1 - \varrho^2) \sum_{i=1}^{N} (x_i - \overline{X})^2$$

Dividiert man auf beiden Seiten durch $N-1$, so folgt unmittelbar:

$$\sigma_e^2 = (1-\varrho^2)\,\sigma_x^2 \tag{68}$$

Setzt man diese Beziehung in die Gleichung (67) ein, so ergibt sich das Stichprobenfehler-Quadrat für die Regressions-Schätzung:

$$\sigma_{\bar{x}_R}^2 = \frac{N-n}{N-1}\,\frac{\sigma_x^2}{n}\,(1-\varrho^2) \tag{69}$$

Es stellt sich nun die Frage, welches der beiden Schätzverfahren, Verhältnis-Schätzung oder Regressions-Schätzung, vorzuziehen ist. Um diese Frage zu beantworten, müssen die entsprechenden Stichprobenfehler-Quadrate einander gegenübergestellt werden. Für die Verhältnis-Schätzung ergab sich die Beziehung (61), auf das arithmetische Mittel umgerechnet:

$$\sigma_v^2 = \frac{N-n}{n(N-1)}\,(\sigma_x^2 + V_V^2\,\sigma_y^2 - 2\,V_V\,\sigma_x\,\sigma_y\,\varrho)$$

Ist $\varrho = 0$, so führt offensichtlich die Regressions-Schätzung zu repräsentativeren Resultaten als die Verhältnis-Schätzung. Ist $\varrho \neq 0$, so ist die Regressions-Schätzung nur dann der Verhältnis-Schätzung vorzuziehen, wenn

$$-\sigma_x^2\,\varrho^2 < V_V^2\,\sigma_y^2 - 2\,V_V\,\sigma_x\,\sigma_y\,\varrho$$

d. h. wenn

$$V_V^2\,\sigma_y^2 - 2\,V_V\,\sigma_x\,\sigma_y\,\varrho + \sigma_x^2\,\varrho^2 > 0$$

oder

$$(V_V\,\sigma_y - \sigma_x\,\varrho)^2 > 0. \tag{70}$$

Daraus folgt weiter:

$$V_V\,\sigma_y > \sigma_x\,\varrho$$

$$\varrho < \frac{V_V\,\sigma_y}{\sigma_x} = \frac{\bar{x}}{\bar{y}}\,\frac{\sigma_y}{\sigma_x} = \frac{VK_y}{VK_x} \tag{70 a}$$

wo wiederum *VK* den Variabilitätskoeffizienten darstellt.

Das Regressions-Schätzverfahren ist schon seit langem bekannt. So hatte im Jahre 1937 Watson (36) versucht, eine Regressions-Schätzung der durchschnittlichen Oberfläche eines Blattes für eine Pflanze durchzuführen, indem er die Abhängigkeit zwischen Blattoberfläche und Blattgewicht zur Steigerung der Genauigkeit der Stichprobenresultate eingesetzt hatte. Zu diesem Zweck hatte er für eine kleine Stichprobe von Blättern dieses Abhängigkeitsverhältnis bestimmt. Auf Grund dieser Abhängigkeit und dem festgestellten Blattgewicht, das leichter zu bestimmen ist als die Blattoberfläche, konnte er die durchschnittliche Blattoberfläche schätzen.

6. Vergleich der Stichprobenpläne

Die Stichproben-Theorie bezweckt einerseits Beziehungen abzuleiten, aus welchen die Repräsentativität der Resultate abgeleitet werden kann, die aus bestimmten Stichproben-Plänen hervorgegangen sind. Diesem Zweck dient vor allem der Stichprobenfehler, der in den vorhergehenden Abschnitten für bestimmte Stichproben-Pläne abgeleitet worden ist.

Andrerseits aber sollte die Stichproben-Theorie Anhaltspunkte liefern, auf Grund welcher die einzelnen Stichproben-Pläne gegeneinander auf ihre Zweckmäßigkeit hin abgewogen werden können. Diesem Vergleich wollen wir uns nun in diesem Abschnitt zuwenden. Dabei wird in der Regel die einfache Zufallsstichprobe als Vergleichsgrundlage herangezogen und die anderen Pläne mit dieser verglichen.

6.1. Geschichtete Stichprobe

Die Beziehung für den Stichprobenfehler der Schätzung eines arithmetischen Mittels in der *einfachen Zufallsstichprobe* ist in der Formel (4) gegeben. Die entsprechende Formel für die geschichtete Stichprobe läßt sich aus der Beziehung (19) bzw. (19 a) ablesen. Bei *proportionaler Aufteilung* ergab sich die Formel (22). Es sind also die beiden Beziehungen

$$\sigma^2_{\bar{x}_s} = \frac{N-n}{N-1}\,\frac{\sigma^2_u}{n} \quad \text{und} \quad \sigma^2_{\bar{x}_{s\,\mathrm{pr}}} = \frac{1}{N^2}\,\frac{N-n}{n}\sum_{i=2}^{M} N_i\,\sigma^2_{u_i}$$

einander gegenüberzustellen. Das Stichprobenfehler-Quadrat für die proportionale Stichprobe kann nun auch folgendermaßen geschrieben werden:

$$\sigma^2_{\bar{x}_{s\,\mathrm{pr}}} = \frac{N-n}{Nn}\,\frac{1}{N}\sum_{i=1}^{M} N_i\,\sigma^2_{u_i} = \frac{N-n}{N}\,\frac{\sigma^2_w}{n} \tag{71}$$

was unmittelbar aus den Beziehungen (18) und (18 a) folgt.

Andrerseits kann die Formel für das Stichprobenfehler-Quadrat der einfachen Zufallsstichprobe auf Grund der Beziehung (18 a) etwas umgeformt werden.

$$\sigma^2_{\bar{x}_s} = \frac{N-n}{N-1}\,\frac{\sigma^2_u}{n} = \frac{N-n}{N-1}\,\frac{1}{n}\,(\sigma^2_w + \sigma^2_b) \tag{72}$$

Aus Formel (71) läßt sich σ_w^2 ermitteln. Es ergibt sich nämlich

$$\sigma_w^2 = \frac{N n}{N-n} \sigma_{\bar{x}_s\,\mathrm{pr}}^2 .$$

Setzt man diesen Ausdruck in die Beziehung (72) ein, so folgt:

$$\sigma_{\bar{x}_s}^2 = \frac{N-n}{N-1} \frac{1}{n} \left(\frac{N n}{N-n} \sigma_{\bar{x}_s\,\mathrm{pr}}^2 + \sigma_b^2 \right) =$$

$$= \frac{N}{N-1} \sigma_{\bar{x}_s\,\mathrm{pr}}^2 + \frac{N-n}{N-1} \frac{\sigma_b^2}{n}$$

Wird hier

$$\frac{N}{N-1} \sim 1$$

gesetzt, so ergibt sich

$$\sigma_{\bar{x}_s}^2 = \sigma_{\bar{x}_s\,\mathrm{pr}}^2 + \frac{N-n}{N-1} \frac{\sigma_b^2}{n}. \tag{73}$$

Da nun stets

$$\frac{N-n}{N-1} \frac{\sigma_b^2}{n} > 0$$

ist, folgt unmittelbar, daß das Stichprobenfehler-Quadrat für die einfache Zufallsstichprobe stets größer ist als das Stichprobenfehler-Quadrat bei der proportionalen geschichteten Stichprobe. Diese ist also stets der einfachen Zufallsstichprobe hinsichtlich der Repräsentativität der Stichprobenresultate bei gleicher Grundgesamtheit und gleichem Stichprobenumfang überlegen. Das Ausmaß dieser Überlegenheit hängt, wie aus der Beziehung (73) hervorgeht, von der Streuung zwischen den Schichten σ_b^2 ab. Je heterogener also die einzelnen Schichten sind, desto größer wird die Überlegenheit der proportionalen geschichteten Stichprobe über die einfache Zufallsstichprobe sein. Es gilt also allgemein

$$\underline{\sigma_{\bar{x}_s}^2 > \sigma_{\bar{x}_s\,\mathrm{pr}}^2} \tag{74}$$

wobei diese Ungleichheit mit zunehmender Heterogenität der Schichten ausgeprägter wird.

Nun stellt sich aber weiter die Frage, in welchem Ausmaße die *proportionale geschichtete Stichprobe* von der *optimal aufgeteilten geschichteten Stichprobe* abweicht. Bestehen zwischen den Schichten keine Unterschiede der Erhebungskosten, so gilt die Beziehung (29). Diese ist nun der Beziehung für das Stichprobenfehler-Quadrat bei der proportionalen geschichteten Stichprobe, wie es aus der Formel (22) hervorgeht, gegenüberzustellen.

Setzt man in die Beziehung (22) den Ausdruck

$$\frac{N-n}{N} \sim 1,$$

so folgt

$$\sigma^2_{\bar{x}_{s\,pr}} \sim \frac{1}{Nn} \sum_{i=1}^{M} N_i \sigma^2_{u_i} =$$

$$= \frac{1}{Nn} \sum_{i=1}^{M} N_i \sigma^2_{u_i} + \frac{(\sum_{i=1}^{M} N_i \sigma_{u_i})^2}{N^2 n} - \frac{(\sum_{i=1}^{M} N_i \sigma_{u_i})^2}{N^2 n} =$$

$$= \frac{1}{Nn} \sum_{i=1}^{M} N_i \sigma^2_{u_i} + \sigma^2_{\bar{x}_{s\,opt}} + \frac{1}{N^2} \sum_{i=1}^{M} N_i \sigma^2_{u_i} - \frac{(\sum_{i=1}^{M} N_i \sigma_{u_i})^2}{N^2 n} =$$

$$= \sigma^2_{\bar{x}_{s\,opt}} + \left(\frac{1}{Nn} \sum_{i=1}^{M} N_i \sigma^2_{u_i}\right)\left(1 + \frac{n}{N}\right) - \frac{(\sum_{i=1}^{M} N_i \sigma_{u_i})^2}{N^2 n}.$$

Ist nun n wesentlich kleiner als N, so kann

$$\left(1 + \frac{n}{N}\right) = \frac{N+n}{N} \sim 1$$

gesetzt werden. Es ergibt sich somit:

$$\sigma^2_{\bar{x}_{s\,pr}} \sim \sigma^2_{\bar{x}_{s\,opt}} + \frac{1}{Nn} \sum_{i=1}^{M} N_i \sigma^2_{u_i} - \frac{1}{N^2 n} (\sum_{i=1}^{M} N_i \sigma_{u_i})^2 \tag{75}$$

Die beiden letzten Ausdrücke auf der rechten Seite dieser Beziehung können folgendermaßen umgeformt werden:

$$\frac{1}{Nn} \sum_{i=1}^{M} N_i \sigma^2_{u_i} - \frac{1}{N^2 n} (\sum_{i=1}^{M} N_i \sigma_{u_i})^2 =$$

$$= \frac{1}{Nn} \left[\sum_{i=1}^{M} N_i \sigma^2_{u_i} - \frac{1}{N} (\sum_{i=1}^{M} N_i \sigma_{u_i})^2\right] =$$

$$= \frac{1}{Nn} \left[\sum_{i=1}^{M} N_i \sigma^2_{u_i} - \frac{2}{N} (\sum_{i=1}^{M} N_i \sigma_{u_i})^2 + \frac{1}{N} (\sum_{i=1}^{M} N_i \sigma_{u_i})^2\right] =$$

$$= \frac{1}{Nn} \left[\sum_{i=1}^{M} N_i \sigma^2_{u_i} - \frac{2}{N} (\sum_{i=1}^{M} N_i \sigma_{u_i}) (\sum_{i=1}^{M} N_i \sigma_{u_i}) + N \frac{(\sum_{i=1}^{M} N_i \sigma_{u_i})^2}{N^2}\right]$$

Setzt man nun für

$$\frac{\sum_{i=1}^{M} N_i \sigma_{u_i}}{N} = \bar{\sigma}$$

ein, so ergibt sich:

$$\frac{1}{Nn} \sum_{i=1}^{M} N_i \sigma_{u_i}^2 - \frac{1}{N^2 n} \left(\sum_{i=1}^{M} N_i \sigma_{u_i}\right)^2 =$$

$$= \frac{1}{Nn} \left[\sum_{i=1}^{M} N_i \sigma_{u_i}^2 - 2\bar{\sigma} \sum_{i=1}^{M} N_i \sigma_{u_i} + N \bar{\sigma}^2 \right] =$$

$$= \frac{1}{Nn} \left[\sum_{i=1}^{M} N_i \sigma_{u_i}^2 - 2\bar{\sigma} \sum_{i=1}^{M} N_i \sigma_{u_i} + \bar{\sigma}^2 \sum_{i=1}^{M} N_i \right] =$$

$$= \frac{1}{Nn} \left[\sum_{i=1}^{M} N_i (\sigma_{u_i}^2 - 2\bar{\sigma}\sigma_{u_i} + \bar{\sigma}^2) \right] =$$

$$= \frac{1}{Nn} \left[\sum_{i=1}^{M} N_i (\sigma_{u_i} - \bar{\sigma})^2 \right]$$

Setzt man dieses Ergebnis in die Beziehung (75) ein, so findet man:

$$\sigma_{\bar{x}_s\,\mathrm{pr}}^2 \sim \sigma_{\bar{x}_s\,\mathrm{opt}} + \frac{1}{Nn} \left[\sum_{i=1}^{M} N_i (\sigma_{u_i} - \bar{\sigma})^2 \right]$$

Da nun der zweite Ausdruck auf der rechten Seite dieser Beziehung stets positiv ist, gilt die Ungleichheit:

$$\underline{\sigma_{\bar{x}_s\,\mathrm{pr}}^2 > \sigma_{\bar{x}_s\,\mathrm{opt}}^2} \tag{76}$$

Diese Ungleichheit wird um so ausgeprägter, je größer die Beziehung

$$\sum_{i=1}^{M} N_i (\sigma_{u_i} - \bar{\sigma})^2$$

ist. Dieser Ausdruck kann als die Streuung der Werte σ_{u_i} um den Mittelwert $\bar{\sigma}$ betrachtet werden. Daraus folgt, daß die Ungleichheit (76) um so ausgeprägter ist, je größer die Streuung der Werte σ_{u_i} in den einzelnen Schichten um den Mittelwert $\bar{\sigma}$ ist, d. h. je unterschiedlicher die Streuungen in den einzelnen Schichten sind.

Aus den Beziehungen (74) und (76) folgt unmittelbar

$$\underline{\sigma_{\bar{x}_s}^2 > \sigma_{\bar{x}_s\,\mathrm{pr}}^2 > \sigma_{\bar{x}_s\,\mathrm{opt}}^2} \tag{77}$$

Dies besagt, daß die Repräsentativität einer Stichprobe von der einfachen Zufallsstichprobe über die proportionale geschichtete Stichprobe zur optimal aufgeteilten geschichteten Stichprobe zunimmt.

6.2. Systematische Stichprobe

Das Stichprobenfehler-Quadrat der systematischen Stichprobe ist durch die Beziehung (38) gegeben. Es ist also diese Formel mit jener für die einfache Zufallsstichprobe [Formel (4)] zu vergleichen. Zu diesem Zweck soll das Verhältnis aus dem Stichprobenfehler-Quadrat der systematischen Stichprobe und jenem der einfachen Zufallsstichprobe gebildet werden. Es ergibt sich:

$$\frac{\sigma^2_{\bar{x}_{sy}}}{\sigma^2_{\bar{x}_s}} = \frac{[1+(n-1)\varrho]\dfrac{\sigma_u^2}{n}}{\dfrac{N-n}{N}\dfrac{\sigma_u^2}{N}} = \frac{N}{(N-n)}[1+(n-1)\varrho]$$

wo $N-1 \sim N$ gesetzt worden ist.

Die systematische Stichprobe ist dann der einfachen Zufallsstichprobe gleichwertig, wenn

$$\frac{N}{N-n}[1+(n-1)\varrho] = 1.$$

Daraus läßt sich ϱ bestimmen:

$$\underline{\varrho = -\frac{n}{N(n-1)} = -\frac{1}{N}\frac{n}{n-1}} \tag{78}$$

Bei großen Stichproben kann

$$\frac{n}{n-1} \sim 1$$

gesetzt werden. Dadurch ergibt sich:

$$\underline{\varrho \sim -\frac{1}{N}} \tag{78 a}$$

Die systematische Stichprobe ist also der einfachen Zufallsstichprobe dann gleichwertig, wenn $\varrho \sim -1/N$ ist. Ist aber $\varrho > -1/N$, so ist das Verhältnis der beiden Stichprobenfehler-Quadrate größer als Eins, d. h. die einfache Zufallsstichprobe ist der systematischen Stichprobe überlegen.

Ist aber $\varrho < -1/N$, so ist die systematische Stichprobe der einfachen Zufallsstichprobe vorzuziehen. In diesem Falle nimmt ϱ jedenfalls einen negativen Wert an.

6.3. Klumpenstichprobe

Das Stichprobenfehler-Quadrat der Klumpenstichprobe ist durch die Beziehung (41) gegeben. Die Formel für die einfache Zufallsstichprobe ist, unter Berücksichtigung der Symbole für die Klumpenstichprobe, gleich der Beziehung (42). Bildet man wiederum das Verhältnis aus den beiden Stichprobenfehler-Quadraten, so ergibt sich:

$$\frac{\sigma^2_{\bar{x}_k}}{\sigma^2_{\bar{x}_s}} = \frac{\frac{M-m}{M-1}\,\frac{\sigma_u^2}{m\bar{N}}\,[1+(\bar{N}-1)\,\varrho]}{\frac{M-m}{M-1}\,\frac{N-\bar{N}}{N-1}\,\frac{\sigma_u^2}{m\bar{N}}} = \frac{N-1}{N-\bar{N}}\,[1+(\bar{N}-1)\,\varrho]$$

Wird dieses Verhältnis gleich Eins gesetzt, so folgt daraus:

$$\underline{\varrho = -\frac{1}{N-1}} \tag{79}$$

ein Resultat, das schon früher (Seite 53) erhalten worden ist. Die Klumpenstichprobe ist also dann der einfachen Zufallsstichprobe überlegen, wenn $\varrho < -\frac{1}{N-1}$. Andernfalls ist die einfache Zufallsstichprobe der Klumpenstichprobe vorzuziehen.

7. Neuere Aspekte der Stichprobentheorie

Bisher wurden einige der wichtigsten Stichprobenpläne eingehend dargestellt und einzelne darunter miteinander verglichen. Dabei wurde vorausgesetzt, daß der Stichprobenumfang, wenn er einmal bestimmt war, feststeht und daß auch das Element in der Grundgesamtheit und in der Stichprobe eindeutig bestimmt war und daß eines oder mehrere Merkmale dieses Elementes die Grundlage der Stichprobenuntersuchung bildeten. Diese Voraussetzungen wurden bei der Weiterentwicklung der Stichprobentheorie etwas abgeschwächt. So sind Stichprobenpläne entwickelt worden, bei welchen der Stichprobenumfang variabel ist und während der Untersuchung verändert werden kann. Auch nimmt die neuere Stichprobentheorie an, daß es nicht allein auf das Merkmal des Elementes ankommen kann, sondern daß auch die Beziehungen zwischen den einzelnen Elementen für das Untersuchungsergebnis bedeutsam werden können.

Die zuerst genannte Ausweitung führt uns zu den *sequentiellen Stichprobenplänen* (sequential sampling), die vor allem von WALD entwickelt worden sind (34, 35). Dieser Stichprobenplan wird vor allem in der technischen Statistik bei der Abnahmeprüfung von Produkten oder beim Vergleich zweier Produktionsprozesse angewendet. Zu diesem Zweck wird beispielsweise der laufend anfallenden Produktionsmenge eine kleine Stichprobe, die m Produkte (Elemente) umfaßt, entnommen. Dabei sind drei Entscheidungen möglich, nämlich die der Produktmenge entsprechende Produktion kann als gut angenommen, sie kann als schlecht verworfen werden, sie kann aber auch keine Entscheidung beim vorgegebenen Fehlerrisiko zulassen. In diesem Falle wird der Stichprobenumfang m vergrößert und wiederum gefragt, ob die Produktion angenommen, verworfen werden muß oder ob die Stichprobe weiter zu vergrößern ist. Der Stichprobenumfang wird so lange vergrößert, bis eine eindeutige Entscheidung über Annahme oder Rückweisung gefaßt werden kann.

Der Stichprobenplan sei dadurch gekennzeichnet, daß die Wahrscheinlichkeit, die Produktmenge zurückzuweisen, den Wert α nicht übertrifft, sooft $p \leqq p_0$ ist, und daß die Wahrscheinlichkeit, die Produktmenge anzunehmen, den Wert β nicht übersteigt, sooft $p \geqq p_1$. Dabei bezeichnet p den Anteil der fehlerhaften Stücke in der Produktmenge. Die Wahrscheinlichkeit, zufällig eine Stichprobe aus der Produktmenge zu erhalten, die gleich beschaffen ist wie die gezogene Stichprobe, ist bekanntlich:

$$p^d (1-p)^{n-d}$$

wo d die Anzahl der fehlerhaften Stücke unter den gezogenen n Stücken bezeichnet. Ist nun $p = p_1$, so wird:

$$p_{1n} = p_1^d (1-p_1)^{n-d}$$

Ist aber $p = p_0$, so ergibt sich:

$$p_{0n} = p_0^d (1-p_0)^{n-d}$$

Für jeden Wert von n bestimmt man nun

$$\log \frac{p_{1n}}{p_{0n}} = d \log \frac{p_1}{p_0} + (n-d) \log \frac{1-p_1}{1-p_0}. \tag{80}$$

Der Stichprobenumfang n wird nun weiter vergrößert, solange die Beziehung

$$\log \frac{\beta}{1-\alpha} < \log \frac{p_{1n}}{p_{0n}} < \log \frac{1-\beta}{\alpha} \tag{81}$$

gilt. Die Stichprobe wird nicht mehr weiter vergrößert, wenn diese Beziehung nicht mehr erfüllt ist. Die Produktmenge ist dabei zurückgewiesen, wenn

$$\log \frac{p_{1n}}{p_{0n}} \geq \log \frac{1-\beta}{\alpha} \tag{81 a}$$

sie ist angenommen, wenn

$$\log \frac{p_{1n}}{p_{0n}} \leq \log \frac{\beta}{1-\alpha}. \tag{81 b}$$

Setzt man in die Beziehungen (81), (81 a) und (81 b) für

$$\log \frac{p_{1n}}{p_{0n}}$$

den Ausdruck (80) ein, so findet man:

$$A + nB < d < C + nB \tag{82}$$

wo

$$A = \frac{\log \frac{\beta}{1-\alpha}}{\log \frac{p_1}{p_0} - \log \frac{1-p_1}{1-p_0}}$$

$$B = \frac{\log \frac{1-p_0}{1-p_1}}{\log \frac{p_1}{p_0} - \log \frac{1-p_1}{1-p_0}}$$

$$C = \frac{\log \frac{1-\beta}{\alpha}}{\log \frac{p_1}{p_0} - \log \frac{1-p_1}{1-p_0}}$$

Dabei ist

$$\log \frac{1-p_1}{1-p_0} = -\log \frac{1-p_0}{1-p_1}$$

Die lineare Funktion bezüglich n

$$L_0 = A + nB$$

gibt also die untere Grenze der Unentschiedenheitszone und

$$L_1 = C + nB$$

die obere Grenze der Unentschiedenheitszone an. Auf Grund dieser Beziehungen läßt sich die folgende Graphik zeichnen. Beide Geraden L_0 und L_1 haben den gleichen Steigungskoeffizienten (Abb. 6). Die Zone II stellt die

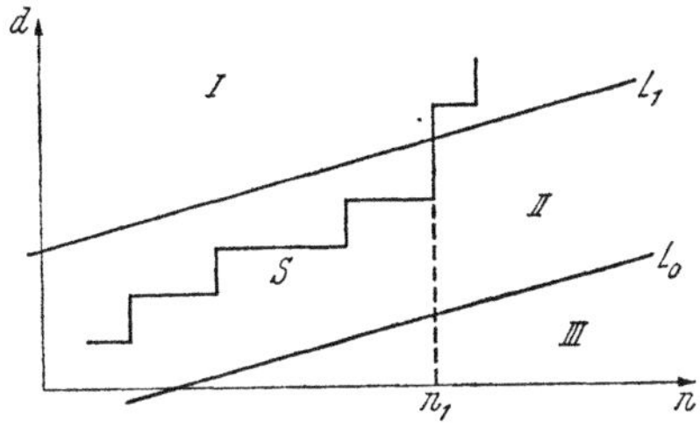

Abb. 6

Unentschiedenheitszone dar, während die Zone I die Ablehnungszone und III die Annahmezone darstellen. Der gebrochene Streckenzug S stellt die jeweiligen Stichprobenergebnisse (d) in Abhängigkeit des Stichprobenumfanges n dar. Diese Abbildung zeigt, daß beim Stichprobenumfang n_1 der Entscheid, die Produktmenge abzulehnen, gefallen ist.

Die zweite Entwicklungsrichtung bezieht sich auf den *Aussagewert der Elemente*. Es zeigt sich nämlich, daß oft weniger die Merkmale der Elemente die Informationsträger sind, sondern auch die gegenseitigen Beziehungen zwischen den Elementen. Diese Richtung gründet sich hauptsächlich auf den unterschiedlichen Begriff der Grundgesamtheit in der Statistik und in Anwendungsgebieten der Statistik, wie beispielsweise die Sozialwissenschaften oder die Biologie. Während die Statistik unter einer Grundgesamtheit eine Menge einzelner Objekte (Elemente), die gegenseitig unabhängig sind, versteht, zeichnet sich die Grundgesamtheit in den Anwendungsgebieten der Statistik als ein organisches System aus, in welchem die einzelnen Objekte in gegenseitiger Beziehung stehen. So befaßt sich eine Stichprobenuntersuchung über Ehescheidungen vor allem mit den gegenseitigen Beziehungen von Ehepartnern und weniger mit den einzelnen geschiedenen Personen.

Unter diesem Gesichtspunkt kann eine Stichprobe als ein endlicher Graph dargestellt werden, in welchem die Elemente durch die Knoten des Graphen und ihre gegenseitigen Beziehungen durch die Kanten des Graphen gekennzeichnet sind. Eine vollständige Information über die Elemente ergibt sich folglich nur dann, wenn auch die gegenseitigen Beziehungen zwischen den Elementen betrachtet werden. Von diesen Beziehungen hängt es ab, ob einzelnen Elementen eine größere Bedeutung zukommt oder nicht. So können einzelne Elemente in vielfältigen Beziehungen zu anderen Elementen stehen; dies äußert sich im Graphen dadurch, daß von den Knoten, die solche Elemente darstellen, viele Kanten ausgehen oder viele

Kanten einmünden. Andere Elemente hingegen können fast vereinzelt sein; im Graphen zeigt sich diese Beziehungsart dadurch, daß von den diese Elemente kennzeichnenden Knoten nur wenige Kanten ausgehen oder einmünden. Im folgenden Graphen sind also die Elemente 1, 3, 4 und 5 durch vielfache Beziehungen gekennzeichnet, das Element 2 aber ist vereinzelt.

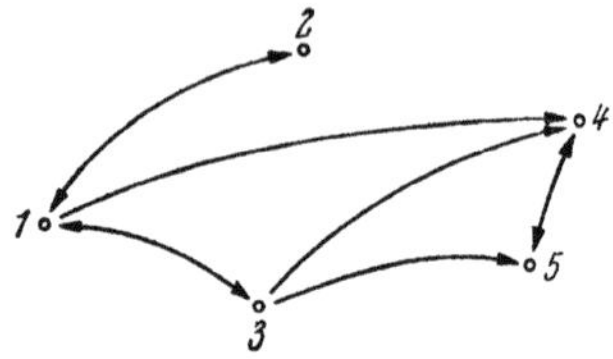

Dies führt zu Stichproben mit *variablen Auswahlwahrscheinlichkeiten* der Elemente und solchen mit *bedingten Auswahlwahrscheinlichkeiten.* Berücksichtigt man in einer Stichprobe auch die gegenseitigen Beziehungen und hängt das Auswahlkriterium der Elemente auch von diesen Beziehungen ab, so leuchtet es ein, daß vereinzelten Elementen (wie Element 2 im dargestellten Graphen) eine geringere Auswahlwahrscheinlichkeit zukommt als anderen Elementen. Die Auswahlwahrscheinlichkeit dieser Elemente mit vielfältigen Beziehungen untereinander kann nun von der Auswahlwahrscheinlichkeit anderer Elemente abhängen (bedingte Auswahlwahrscheinlichkeiten). Stichprobenpläne, die auf dieser Entwicklungsrichtung beruhen, bezeichnet man als *Verbund-Stichproben* (nexus sampling).

Eine solche Verbund-Stichprobe stellt das *Schneeball-Stichprobenverfahren* (snowball-sampling) von GOODMAN (10) dar. Es kann kurz folgendermaßen umschrieben werden. Aus einer Grundgesamtheit wird eine zufällige Stichprobe entnommen. Jedes Individuum (Element) dieser Stichprobe hat nun weitere k Individuen zu nennen, mit welchen es in besonderer Weise verbunden ist. Jene genannten Individuen, die sich noch nicht in der ursprünglichen Stichprobe befinden, bilden die erste Unterstichprobe. Diese Individuen der ersten Unterstichprobe haben wiederum k Individuen zu nennen, mit welchen sie besonders verbunden sind. Alle jene so ermittelten Individuen, die sich weder in der Grundstichprobe noch in der ersten Unterstichprobe befinden, bilden die zweite Unterstichprobe. Dieses Verfahren wird so lange fortgesetzt, bis man insgesamt s Unterstichproben gebildet hat.

Dieser Stichprobenplan kann durch eine Matrix gekennzeichnet werden, in welcher auf den Zeilen die Individuen aufgeführt sind, die andere Individuen bezeichnen, und in welcher in den Spalten die so bezeichneten Individuen erscheinen. Der Wert auf der Zeile i und in der Spalte j, d. h. x_{ij}, nimmt den Wert 1 an, wenn die Stichprobe das

i-te Individuum in der Grundgesamtheit und das j-te Individuum unter den k von ihm genannten Individuen umfaßt; andernfalls ist x_{ij} gleich Null. Die Auswahl der ersten Stichprobe geschieht nun in der Regel dadurch, daß die Wahrscheinlichkeit der Wahl eines Individuums in der Grundgesamtheit unabhängig davon ist, ob ein anderes bestimmtes Individuum aus der Grundgesamtheit schon gezogen worden ist (binomiale Stichprobe). Ist beispielsweise $k = 1$, so bedeutet dies, daß jedes Individuum nur ein weiteres Individuum bezeichnet. Ist die Anzahl der Unterstichproben $s = 1$, so heißt dies, daß von den Individuen, die von den Individuen in der ersten (binomialen) Stichprobe bezeichnet worden sind, keine weiteren Individuen mehr genannt werden. Dieses Stichprobenverfahren ist besonders geeignet, bestimmte Verbindungen zwischen den Elementen einer Grundgesamtheit zu untersuchen, wie z. B. bei soziologischen und politischen Erhebungen. Überdies kann dieses Stichprobenverfahren als eine Verallgemeinerung bestehender Stichprobenpläne angesprochen werden. So umfaßt das Schneeball-Verfahren für $s = 0$ und $k = 0$ alle anderen schon angeführten Stichprobenpläne.

Ein weiteres Mittel zur Erhöhung der Repräsentativität von Stichprobenergebnissen ist durch die *kontrollierte Auswahl* (controlled selection) gegeben (11). Dieses Verfahren wurde von Goodman und Kish vorgeschlagen. Es bezweckt, die Auswahlwahrscheinlichkeit bestimmter Elemente zu beeinflussen. Um dies darzulegen, soll auf ein Beispiel gegriffen werden, das in der erwähnten Arbeit angeführt ist. Es seien zwei Schichten gegeben, in welchen sich 6 bzw. 5 Elemente befinden. Die entsprechenden Auswahlwahrscheinlichkeiten sind nachfolgend angegeben:

Schicht 1		Schicht 2	
Gebiete	Auswahlwahrscheinlichkeiten	Gebiete	Auswahlwahrscheinlichkeiten
A	0,10	a	0,15
B	0,15	b	0,30
C	0,10	c	0,10
D	0,20	d	0,20
E	0,25	e	0,25
F	0,20		
Zusammen	1,00	Zusammen	1,00

Weiter ist bekannt, daß in der ersten Schicht die Gebiete B, C und F und in der zweiten Schicht das Gebiet d am Meer gelegen sind. Bei den übrigen Gebieten handelt es sich um Binnengebiete. Aus irgendwelchen Gründen, die mit der Untersuchung zusammenhängen, soll die Ziehung je eines Meer- und eines Binnengebietes angestrebt werden. Zu diesem Zweck kann man folgendermaßen vorgehen. In der ersten Schicht werden die Gebiete B, C und F an die Spitze der Aufzählung und in der zweiten Schicht wird das Gebiet d an den Schluß der Aufzählung gestellt. Hierauf wird eine Zufallszahl zwischen 1 und 100 gewählt. Diese ist für die Ziehung in beiden Schichten maßgeblich. Die aufaddierten Auswahlwahrscheinlichkeiten (in Prozenten) betragen für die Gebiete B, C und F 45 %, und für das Gebiet d 20 %. Ist die gewählte Zufallszahl kleiner oder gleich 45, so wird ein am Meer gelegenes Gebiet aus der Schicht 1 gewählt; liegt diese Zufallszahl aber zwischen 46 und 80, so wird ein Binnengebiet aus jeder der beiden Schichten gezogen. Ist aber die Zufallszahl größer als 80, so wird ein Binnengebiet in der Schicht 1 und ein Gebiet am Meer aus der Schicht 2 gewählt. Dadurch wurde erreicht, daß die Wahrscheinlichkeit der Wahl eines Meer- und eines Binnengebietes 65 % $(= 45 + 20)$ beträgt. Die Wahrscheinlichkeit, zwei Binnengebiete zu wählen, ist folglich 35 %.

Auf Grund einer geschichteten Stichprobe hätten sich aber andere Wahrscheinlichkeiten ergeben. Die Auswahl eines Meer- und eines Binnengebietes ist nämlich auf zwei Arten möglich. Die erste Möglichkeit besteht darin, die Gebiete B, C oder F aus der ersten Schicht und a, b, c oder e aus der zweiten Schicht zu wählen. Die entsprechenden Wahrscheinlichkeiten sind:

Schicht 1:

$$P(1) = P(B) + P(C) + P(F) = 0{,}45$$

Schicht 2:

$$P(2) = P(a) + P(b) + P(c) + P(e) = 0{,}80$$

Die Wahrscheinlichkeit, sowohl B, C oder F als auch a, b, c oder e zu wählen, ist bekanntlich:

$$P_1 = P(1)\,P(2) = 0{,}36$$

Die zweite Möglichkeit besteht darin, die Gebiete A, D oder E in der ersten Schicht und d in der zweiten Schicht zu ziehen. Die entsprechenden Wahrscheinlichkeiten sind gleich:

Schicht 1:

$$P(1)' = P(A) + P(D) + P(E) = 0{,}55$$

Schicht 2:

$$P(2)' = P(d) = 0{,}20$$

Die Wahrscheinlichkeit, sowohl *A*, *D* oder *E* als auch *d* zu wählen, ist nun:

$$P_2 = P\,(1)'\,P\,(2)' = 0{,}11$$

Die gesuchte Wahrscheinlichkeit ist nun:

$$P = P_1 + P_2 = 0{,}47$$

Entsprechend läßt sich die Wahrscheinlichkeit berechnen, zwei Binnengebiete zu ziehen. Diese ist nämlich:

$$P = P\,(1)'\,P\,(2) = 0{,}44$$

Die Wahrscheinlichkeit, zwei Gebiete am Meer zu wählen, ist:

$$P = P\,(1)\,P\,(2)' = 0{,}09$$

Verglichen mit den vorher gefundenen Werten — Wahrscheinlichkeit der Wahl eines Gebietes am Meer und eines Binnengebietes 0,65, Auswahlwahrscheinlichkeit zweier Binnengebiete 0,35 —, ergeben sich offenbar Unterschiede.

Das kontrollierte Auswahlverfahren kann nun als systematische Stichprobe betrachtet werden, in welcher die Ordnung der Elemente (Gebiete) innerhalb der Schichten bewußt getroffen worden ist. Es wird also eine bewußte (kontrollierte) Auswahl durchgeführt, ohne die Bedingungen der zufälligen Auswahl zu verletzen.

Sehr oft müssen bei einer Stichprobe *mehrere Merkmale* erhoben werden, wobei sich für jedes Merkmal ein anderer Optimalwert für den Stichprobenumfang ergibt. Bei einer einfachen Zufallsstichprobe könnte man in einem solchen Falle den größten optimalen Stichprobenumfang zugrunde legen. Bei einer geschichteten Stichprobe aber, bei welcher es auch um die optimale Stichprobenaufteilung auf die einzelnen Schichten geht, wird das Aufteilungsproblem bei mehreren Merkmalen komplizierter. In solchen Fällen kann das Problem durch lineare oder nichtlineare Optimierung gelöst werden [vgl. Jagannathan (16, 17) sowie Nordbotten (26)]. Dabei kann beispielsweise der Stichprobenfehler minimisiert werden (Zielfunktion) unter den Bedingungen, daß bestimmte Kosten eingehalten werden und daß die Stichprobenumfänge in den einzelnen Schichten nicht größer sind als die Anzahl Elemente in den betreffenden Schichten. Die Zielfunktion kann aber auch durch die Kostenfunktion gegeben sein, wobei dann die Restriktionen durch den zulässigen Stichprobenfehler und den Umfang der Stichproben in den einzelnen Schichten vorgeschrieben sind.

Die Weiterentwicklung dieser Betrachtungsweise führt dazu, eine Stichprobenerhebung als ein spieltheoretisches Modell darzustellen [vgl. THEODORESCU (33)]. Bei dieser Betrachtungsweise stehen sich zwei Spieler gegenüber, auf der einen Seite der Stichprobenplaner, auf der anderen Seite die Natur. Dabei wird eine Verlustfunktion $L(p, x_A)$ bzw. $L(p, x_R)$ definiert, wo p den Anteil der defekten Stücke in einem Los, $X = [x_A, x_R]$ die Strategien des Spielers gegen die Natur, x_A die Strategie, die zur Annahme, und x_R die Strategie, die zur Ablehnung des Loses führt, darstellen können.

$$L(p, x_A) = N a p + F \tag{83}$$

$$L(p, x_R) = N b p + N e + F \tag{83 a}$$

Hierin bedeuten:

N Anzahl der Elemente im Los,

a Verlust je Element für ein defektes Element,

b Verlust je Element für ein defektes Element, das vor Ablieferung des Loses entdeckt worden ist, wobei $b < a$,

e Prüfungskosten je Element bei vollständiger Prüfung des Loses,

F Fixkostenanteil bei der Prüfung der Elemente.

Für ein solches Spiel ist das Minimax-Prinzip erfüllt; eine Lösung (Sattelpunkt) besteht für

$$p = p_0 = \frac{e}{a-b}. \tag{84}$$

Der minimale Verlust ergibt sich für

$$L_{\min}(p) = \begin{cases} N a p + F; & p \leq p_0 \\ N b p + N e + F; & p \geq p_0 \end{cases} \tag{85}$$

Ein praktisch sehr wichtiges Problem ist das der *Nichtbeantwortung.* Es gibt wohl kaum eine Stichprobenerhebung mittels Fragebogen, die verschickt worden sind, bei welcher alle verschickten Fragebogen ausgefüllt zurückgeschickt werden. In der Regel wird eine kleinere oder größere Anzahl Fragebogen nicht zurückgeschickt oder nicht beantwortet. Würde man in einem solchen Falle das Stichprobenergebnis auf die eingegangenen verwertbaren Fragebogen abstützen, so könnte sich eine störende Verzerrung des Stichprobenresultates einstellen, sofern die Nichtbeantwortung auf Gründe zurückzuführen ist, die mit dem gesuchten Resultat der Umfrage in Beziehung stehen [BILLETER (1)]. Eine Möglichkeit, diesem Fehler zu begegnen, besteht darin, aus der Zahl jener, die den Fragebogen nicht beantwortet haben, eine zufällige Stichprobe zu entnehmen, die dann für diese Nichtbeantwortenden als repräsentativ betrachtet werden kann. Diese in die Stichprobe aufgenommenen Nichtbeantwortenden können dann beispielsweise persönlich aufgesucht und veranlaßt werden, den Fragebogen auszufüllen [vgl. HANSEN-HURWITZ-MADOW (12), S. 257]. Bei der Ableitung des Stichprobenfehlers gehen HANSEN-HURWITZ-MADOW folgendermaßen vor.

Aus einer Grundgesamtheit von N Elementen ist eine Stichprobe von n Elementen zufällig entnommen worden. Von diesen n Elementen haben n_1 geantwortet und n_2 $(= n - n_1)$ haben nicht geantwortet. Nun wird aus den n_2 Elementen eine weitere zufällige Stichprobe gebildet, die n_2' Elemente umfaßt. Antworten alle diese n_2' Elemente, so beläuft sich der Gesamtumfang der verwertbaren Stichproben auf $n_1 + n_2'$. Beziffert sich der gesuchte Merkmalswert (z. B. Summe) in der ersten, n_1 Elemente umfassenden Stichprobe auf x_1 und in der zweiten, n_2' Elemente enthaltenden Stichprobe auf x_2, so ist der Schätzwert dieses Merkmalswertes in der Grundgesamtheit offensichtlich gleich:

$$x' = N \frac{x_1}{n} + \frac{n_2}{n'_2} \frac{N}{n} x_2 \tag{86}$$

oder

$$x' = \frac{N}{n} \sum_{i=1}^{n_1} x_{1i} + \frac{N}{n} \frac{n_2}{n'_2} \sum_{i=1}^{n'_2} x_{2i} \tag{86 a}$$

wo x_{1i} der Merkmalswert des Elementes i in der ersten Stichprobe (der Antwortenden) und x_{2i} entsprechend der Merkmalswert des Elementes i in der zweiten Stichprobe (der Nichtantwortenden) sind.

Für die Stichprobentheorie ist nun der Stichprobenfehler dieses Schätzwertes für die Grundgesamtheit wichtig. Die Streuung des Schätzwertes (86) bzw. (86 a) kann nun folgendermaßen dargestellt werden.

Diese Streuung des Schätzwertes für die Grundgesamtheit ist nun:

$$\sigma_{x'}^2 = \sigma_{E\,(x' \mid n_2,\, n'_2)}^2 + E\,\sigma_{(x' \mid n_2,\, n'_2)}^2 \tag{87}$$

wo

$$E\,(x' \mid n_2, n'_2) = \frac{N}{n} \sum_{i=1}^{n_1} x_{1i} + \frac{N}{n} \sum_{i=1}^{n_2} x_{2i} = \frac{N}{n} \sum_{i=1}^{n} x_i' \tag{87 a}$$

wobei x_i' der Merkmalswert des Elementes i in der ersten Stichprobe ist, unabhängig davon, ob es sich um ein Element aus der Gruppe der Antwortenden oder Nichtantwortenden handelt [vgl. HANSEN-HURWITZ-MADOW (12), Seite 66]. Die Beziehung (87) besagt, daß das Quadrat des Stichprobenfehlers des Schätzwertes x' gleich der Summe der Streuung des Erwartungswertes von x' für eine bestimmte Anzahl Elemente n_2' aus einer bestimmten Stichprobe mit n_2 Elementen, die zur Gruppe der Nichtantwortenden gehören, und des Erwartungswertes der bedingten Streuung von x' für eine bestimmte Anzahl n_2' Elemente aus einer Stichprobe mit n_2 Elementen, die zur Gruppe der Nichtantwortenden gehören.

Der erste Streuungsbestandteil in Formel (87) ist

$$\sigma^2_{E\,(x' \mid n_2,\, n'_2)} = N^2 \frac{N-n}{N-1} \frac{\sigma^2}{n}. \tag{88}$$

Er ist gleich der Streuung des Erwartungswertes (87 a). Der zweite Streuungsbestandteil in Formel (87) stellt die bedingte Streuung von x' dar, wenn zwei Stichproben mit den Umfängen n_2 und n_2' durchgeführt worden sind. Diese bedingte Streuung ist gleich dem folgenden Ausdruck:

$$\sigma^2_{(x' \mid n_2,\, n'_2)} = \frac{N^2}{n^2} \frac{n_2}{n'_2} (n_2 - n'_2)\, \sigma^2_{x_2} \tag{88 a}$$

Der Erwartungswert dieser Streuung nimmt den folgenden Wert an:

$$E\,\sigma^2_{(x' \mid n_2,\, n'_2)} = \frac{N}{n} \frac{N_2}{n'_2} (n_2 - n'_2)\, \sigma^2_{x_2} \tag{89}$$

[vgl. Hansen-Hurwitz-Madow (12), S. 63, 258, 259]. Für das Quadrat des Stichprobenfehlers für x' ergibt sich nach den Beziehungen (87), (88) (89) somit:

$$\begin{aligned} \sigma^2_{x'} &= N^2 \frac{N-n}{N-1} \frac{\sigma^2}{n} + \frac{N}{n} \frac{N^2}{n'_2} (n_2 - n'_2)\, \sigma^2_{x_2} = \\ &= \frac{N}{n} \left[N \frac{N-n}{N-1} \sigma^2 + \frac{N_2}{n'_2} (n_2 - n'_2)\, \sigma^2_{x_2} \right] \end{aligned} \tag{90}$$

wo N_2 die Anzahl der Elemente in der Grundgesamtheit bezeichnet, die zur Gruppe der Nichtantwortenden gehört. Es wird also angenommen, daß sich die Grundgesamtheit N in die beiden Gruppen der Antwortenden (N_1) und der Nichtantwortenden (N_2) gliedert. Aus der Gruppe der Antwortenden haben in der Stichprobe n_1 geantwortet, und aus der Gruppe der Nichtantwortenden erschienen in der Stichprobe n_2 Elemente.

Unsere Ausführungen über die Stichprobentheorie sollen mit einem Beispiel abgeschlossen werden, das während des zweiten Weltkrieges zur Schätzung der feindlichen Produktion angewendet worden ist. So wurden bei erbeuteten Panzerwagen die Seriennummern abgelesen und daraus auf die Produktion von Panzerwagen geschlossen. Im Modell, das diesem Problem zugrunde liegt, nimmt man eine Urne (Produktionsvolumen) an, die N Kugeln (Panzerwagen) enthält, welche mit den Zahlen von 1 bis N

versehen sind (Seriennummern) [FELLER (9), S. 226]. Aus dieser Urne werden n Kugeln zufällig mit Zurücklegen gezogen (erbeutete Panzerwagen). Die größte Zahl, die auf den n gezogenen Kugeln steht, sei x. Das Ereignis $x \leq k$ besagt, daß jede der auf den gezogenen Kugeln vermerkten Zahlen kleiner oder gleich k sein werden, weil voraussetzungsgemäß x die größte Zahl bezeichnet. Die Wahrscheinlichkeit dieses Ereignisses für eine Stichprobe aus n Kugeln ist gleich

$$P(x \leq k) = \left(\frac{k}{N}\right)^n \tag{91}$$

da jede Zahl einer bestimmten Kugel entspricht. Die Wahrscheinlichkeit des Ereignisses $x = k$ ist folglich:

$$\begin{aligned} P(x = k) &= P(x \leq k) - P(x \leq k-1) = \\ &= \left(\frac{k}{N}\right)^n - \left(\frac{k-1}{N}\right)^n = \frac{1}{N^n}\left[k^n - (k-1)^n\right] \end{aligned} \tag{92}$$

Der Erwartungswert dieses Ereignisses ergibt sich zu:

$$\begin{aligned} E(x) &= \sum_{k=1}^{N} P(x = k) = \frac{1}{N^n} \sum_{k=1}^{N} \left[k^n - (k-1)^n\right] = \\ &= \frac{1}{N^n} \sum_{k=1}^{N} \left[k^{n+1} - (k-1)^{n+1} - (k-1)^n\right] = \\ &= \frac{1}{N^n} \left[\sum_{k=1}^{N} k^{n+1} - \sum_{k=1}^{N} (k-1)^{n+1} - \sum_{k=1}^{N} (k-1)^n\right] \end{aligned}$$

Es ist leicht ersichtlich, daß

$$\sum_{k=1}^{N} k^{n+1} - \sum_{k=1}^{N} (k-1)^{n+1} = N^{n+1}$$

denn dieser Ausdruck ist nichts anderes als

$$\begin{aligned} &1^{n+1} + 2^{n+1} + 3^{n+1} + \ldots + (N-1)^{n+1} + N^{n+1} - \\ &- \left[0^{n+1} + 1^{n+1} + 2^{n+1} + 3^{n+1} + \ldots + (N-1)^{n+1}\right] = N^{n+1}. \end{aligned}$$

Es ergibt sich somit

$$E(x) = \frac{1}{N^n}\left[N^{n+1} - \sum_{k=1}^{N} (k-1)^n\right]. \tag{93}$$

Für große Werte von N ist die letzte Summe ungefähr gleich der Fläche unter der Kurve $y = z^n$ für $z = 0$ bis $z = N$, d. h.

$$\sum_{k=1}^{N} (k-1)^n \sim \int_0^N z^n \, dz = \frac{N^{n+1}}{n+1}.$$

Setzt man diese Beziehung in die Formel (93) ein, so ergibt sich:

$$\underline{E(x)} \sim \frac{1}{N^n}\left[N^{n+1} - \frac{N^{n+1}}{n+1}\right] = N\left(1 - \frac{1}{n+1}\right) = \underline{N\frac{n}{n+1}} \tag{94}$$

Beim oben angeführten Problem der Schätzung einer Produktion wird aus einer Stichprobe von n Elementen die größte Zahl gemerkt, die gleich dem Erwartungswert $E(x)$ gesetzt wird. Aus der Beziehung (94) läßt sich dann das Produktionsvolumen N bestimmen, das gleich

$$\underline{N \sim \frac{n+1}{n} E(x)} \tag{94 a}$$

ist. Ergab also beispielsweise die Stichprobe von 100 erbeuteten Panzerwagen als größte Seriennummer den Wert 1237, so kann daraus das voraussichtliche Produktionsvolumen nach Formel (94 a) zu 1250 Panzerwagen bestimmt werden. Auf die gleiche Weise kann auch der Bestand an Motorfahrzeugen in einem Kanton bestimmt werden, wenn angenommen wird, daß die Kontrollnummern als laufende Nummern abgegeben werden.

Die bisherigen Ausführungen bezweckten, einige der wichtigsten Stichprobenpläne und -verfahren kurz darzulegen. Aus diesen können nun weitere entwickelt werden, indem man einzelne miteinander in bestimmter Weise verbindet. Es würde hier zu weit führen, auch diese mannigfaltigen Verbindungen darzulegen. Hingegen soll noch kurz auf die gegenwärtigen Entwicklungstendenzen hingewiesen werden.

Die Stichprobentheorie entwickelt sich zur Zeit auf drei Gebieten. Eine erste Entwicklungstendenz zeichnet sich auf dem Gebiete der Auswahlverfahren ab (z. B. Schneeball-Verfahren). Eine andere Tendenz betrifft die Umschreibung der Grundgesamtheit; zu den Elementen, die eine Grundgesamtheit beschreiben, treten Elementebeziehungen hinzu. Eine dritte Entwicklungstendenz zielt auf eine bessere Datenerfassung, wobei neben statistischen, d. h. unveränderten Systemen auch dynamische Systeme und Prozesse, d. h. Datengesamtheiten, die zeitlichen Veränderungen unterworfen sind, betrachtet werden. Die nächste Zukunft dürfte vor allem auf diesen Gebieten neue Entwicklungen der Stichprobentheorie offenbaren.

Versuchsplanung

1. Grundlagen

1.1. Begriffe der Versuchsplanung

Stichprobenerhebungen werden durchgeführt, um Informationen über eine Grundgesamtheit zu erhalten, die aus irgendwelchen Gründen durch direkte Erhebungen nicht oder doch nur schwer zu beschaffen sind. Der Schluß von der Stichprobe auf die Grundgesamtheit wird nun sehr oft angefochtet. R. A. Fisher führt in seinem Buch über Versuchsplanung (49) zwei Gründe für diese Anfechtungen an; entweder wird die Interpretation der Stichprobenergebnisse angefochten oder dann wird die Durchführung und Planung der Stichprobe oder des Versuches beanstandet. Ein Stichprobenversuch kann, vom stichprobentheoretischen Standpunkt aus betrachtet, noch so gut geplant worden sein, die Ergebnisse dieses Versuches werden gleichwohl beanstandet, wenn nicht auch der Stichprobenversuch überlegt angeordnet worden ist.

Ein Beispiel soll diesen Tatbestand erklären. R. A. Fisher führt in seinem angeführten Buch (S. 11) folgendes Beispiel an. Eine Dame behauptet, sie könne unterscheiden, ob in einer Tasse Tee mit Milch zuerst der Tee oder zuerst die Milch eingegossen worden ist. Diese Behauptung soll geprüft werden. Eine Überprüfung auf Grund einer Vollerhebung ist hier nicht möglich, weil die Gesamtheit (alle Tassen mit Tee und Milch) unendlich groß ist. Es muß also auf eine Stichprobe einzelner Tassen mit Tee und Milch abgestellt werden. Würde man nur zwei Tassen hinstellen, von welchen in die eine zuerst Tee, in die andere zuerst Milch gegossen wurde, so könnte die Dame immerhin mit einer Wahrscheinlichkeit von 50 % den richtigen Unterschied angeben, auch wenn sie keinen Unterschied im Geschmack bemerkt hat. Das Ergebnis bei einem solchen Stichprobenversuch wäre also zu unsicher, um die Behauptung der Dame wirklich überprüfen zu können. Die Durchführung des Versuches könnte hier also rechtens beanstandet werden.

R. A. Fisher schlägt hier die folgende Lösung vor. Es werden 8 Tassen dieser Teemischung hergestellt, in 4 davon wurde zuerst Tee, in die übrigen 4 zuerst die Milch eingegeben. Diese Tassen werden nun in zufälliger Reihenfolge der Dame vorgesetzt, die darüber orientiert worden ist, daß die eine Hälfte der Tassen die eine Mischungsart, die andere Hälfte die andere Mischungsart betreffen. Die Dame kann insgesamt $\binom{8}{4}$ Gruppen von je 4 Tassen aus insgesamt 8 Tassen bilden[1]. Von diesen 70 Möglichkeiten ist nur eine Aufteilung in zwei Gruppen zu je 4 Tassen richtig. Die Wahrscheinlichkeit, daß die Dame zufällig diese richtige Aufteilung trifft, ist also 0,0143 oder und 1,5 % (verglichen mit 50 % bei nur 2 Tassen). Durch eine bestimmte Anordnung des Versuches ist es also gelungen, den Zufall bei der richtigen Aufteilung der Tassen weitgehend auszuschalten.

Statt den Versuch so durchzuführen, wie R. A. Fisher es vorgeschlagen hat, hätte man auch den Versuch mit nur 2 Tassen wiederholen können. Wie wir gesehen haben, besteht dann die Wahrscheinlichkeit von 0,5, daß die Dame beim ersten Versuch die richtige Antwort gibt. Die Wahrscheinlichkeit, daß sie auch beim zweiten Versuch mit 2 Tassen die richtige Antwort gibt, ist bekanntlich[1] $0{,}5^2$. Bei n Versuchen ist diese Wahrscheinlichkeit also $0{,}5^n$. Um festzustellen, wie viele Versuche mit nur 2 Tassen durchgeführt werden müssen, um die gleiche Wahrscheinlichkeit zu erhalten, wie sie der Versuchsanordnung von R. A. Fisher entspricht (rund 0,015), ist die Beziehung:

$$0{,}5^n = 0{,}015$$

nach n aufzulösen. Die Rechnung ergibt den Wert $n = 6{,}0588$ oder rund 6 Versuche.

Es zeigt sich also, daß zwei Wege bestehen, um die Aussagekraft des Versuchsergebnisses zu erhöhen, nämlich eine zweckmäßige Versuchsanordnung und die Wiederholung des Versuches. Es ist einleuchtend und folgt aus den dargelegten Berechnungen, daß das Aussagevermögen des Versuches noch erhöht werden könnte, wenn die Zahl der Teetassen bei der Lösung von R. A. Fisher vermehrt oder wenn die Anzahl der Versuchswiederholungen vergrößert worden wäre. Aus praktischen Gründen ist dies aber nicht durchführbar, weshalb stets von den Resultaten eines beschränkten Versuches (Stichprobe) auf die wahren Werte in der Grundgesamtheit geschlossen werden muß. Um diesen Induktionsschluß vom Teil auf die Gesamtheit zuverlässiger zu gestalten, kann der Umfang des Versuches (Stichprobenumfang) in vertretbaren Grenzen erhöht, ein geeigneter Stichprobenplan gewählt, eine zweckmäßige Versuchsanordnung gewählt und eine genügende Wiederholung des Versuches durchgeführt werden. Die beiden zuerst genannten Möglichkeiten sind bei der Dar-

[1] Vgl. Billeter, Ernst P.: (41).

legung der Stichprobentheorie erörtert worden; die beiden letzten Möglichkeiten betreffen die Versuchsplanung (design of experiments). Einige der wichtigsten Möglichkeiten sollen nun nachfolgend kurz dargelegt werden. Was versteht man aber unter dem Begriff der Versuchsplanung?

Die Versuchsplanung wurde zuerst und hauptsächlich bei Anwendung statistischer Induktionsmethoden (Stichproben) für landwirtschaftliche Probleme entwickelt. Nach KIRK (55) besteht die Versuchsplanung aus fünf miteinander verbundenen Tätigkeiten, nämlich:

- die Umschreibung einer statistischen Hypothese und das Sammeln und Auswerten von Informationen, um diese Hypothese zu prüfen[1],
- die Festlegung von Entscheidungsregeln, die bei der Prüfung statistischer Hypothesen zu beachten sind,
- das plangerechte Sammeln von Informationen,
- die plangerechte Untersuchung dieser Informationen,
- einen Entscheid bezüglich der statistischen Hypothesen zu treffen.

Daneben gibt es eine engere Umschreibung der Versuchsplanung, worunter ein bestimmter Plan verstanden wird, nach welchem bestimmte Gegebenheiten bestimmten Versuchbedingungen unterworfen und hierauf einer statistischen Untersuchung unterzogen werden. Im folgenden soll unter dem Begriff der Versuchsplanung eine wissenschaftliche Methode verstanden werden, um aus statistischen Daten ein Maximum an Informationen zu ziehen, wobei diese Daten zudem noch gegen unliebsame Störeinflüsse in optimaler Weise abgeschirmt worden sind. Nach dieser Umschreibung sind für die Versuchsplanung zwei Merkmale wesentlich, nämlich die zweckmäßigste Wahl der statistischen Daten und die Abschirmung der Versuchsergebnisse gegen Störeinflüsse.

Dem erstgenannten Merkmal der Versuchsplanung entspricht schon die Stichprobentheorie, indem sie Verfahren entwickelt hat, um eine zweckmäßige Auswahl der statistischen Daten zu gewährleisten. Die Zweckmäßigkeit bezieht sich hier darauf, den größtmöglichen Informationsgehalt aus den gewählten statistischen Daten zu ziehen. Dieses Merkmal der Versuchsplanung kann deshalb nicht als grundlegendes, der Versuchsplanung eigenes Merkmal angesprochen werden. Das zweite Wesensmerkmal ist hier wohl spezifischer, indem es in wesentlichem Maße nur durch die Versuchsplanung verwirklicht werden kann. Die Formulierung und logische Begründung der statistischen Hypothese wird hier in das Gebiet der Theorie statistischer Testverfahren verwiesen.

[1] Ein weiteres Buch wird das Gebiet der Prüfung statistischer Hypothesen darlegen.

1.2. Versuchseinflüsse

Bei einem Versuch treten in der Regel drei Arten von Veränderlichen auf, unabhängige, abhängige und Störvariable. Diese drei Variablen sollen an einem Beispiel aus dem klassischen Anwendungsgebiet der Versuchsplanung, der Landwirtschaft, erklärt werden. Verschiedene neue Düngerarten sollen auf ihre Wirksamkeit hin geprüft werden. Der Versuch besteht darin, daß auf einer Landfläche eine Pflanzenart gepflanzt wird, wobei einzelne Teilflächen dieses Landes mit den verschiedenen Düngern behandelt werden. Die unabhängige Variable ist hier die Düngerart. Der Pflanzenwuchs stellt hier die abhängige Variable dar. Die Störvariablen können beispielsweise die ungleiche chemische Bodenbeschaffenheit, die Lage der einzelnen Teilflächen dieses Landes (Sonnen-, Schattenseite) usw. sein. Der Versuch ist nun so zu planen, daß sich die einzelnen Störeinflüsse möglichst wenig bemerkbar machen, damit die abhängige Variable einen möglichst großen Aussagewert erhält. Dabei sind grundsätzlich vier Möglichkeiten gegeben, die Störeinflüsse weitgehend auszuschalten. So können die Störeinflüsse konstant gehalten werden (z. B. gleiche chemische Bodenbeschaffenheit, Wahl eines Landstückes mit nur Sonnenlage). Dieses Vorgehen ist möglich, wenn man alle Störeinflüsse kennt und beeinflussen kann. Die Störeinflüsse können aber auch dadurch abgeschwächt werden, daß sie den einzelnen Versuchsobjekten (z. B. Pflanzen) zufällig zugeordnet werden. Eine dritte Möglichkeit besteht darin, die Störeinflüsse bewußt und systematisch in den Versuch einzubeziehen. Die letzte Möglichkeit stützt sich auf statistische Verfahren, indem die Auswirkungen der Störeinflüsse statistisch aufgedeckt werden (z. B. durch Regressionsanalysen, Kovarianzanalysen[1]). Die Versuchsplanung bezweckt nun, nach der oben angeführten Umschreibung, solche Möglichkeiten im einzelnen systematisch darzulegen.

1.3. Wirksamkeit von Versuchsplänen

Eine wichtige Frage ist hier die nach der Wirksamkeit einzelner Pläne. FEDERER (45) führt hier die folgende Formel an:

$$E = \frac{n_2 C_2}{\sigma_1^2} \left(\frac{df_1 + 1}{df_2 + 3} \right) \Big/ \frac{n_1 C_1}{\sigma_2^2} \left(\frac{df_2 + 1}{df_1 + 3} \right) \tag{1}$$

wo n der Stichprobenumfang, C die Erhebungskosten, df die Freiheitsgrade des Versuchsfehlers und σ^2 die Schätzung des Versuchsfehlers je Beobachtung darstellen. Die Indizes 1 und 2 beziehen sich auf den ersten bzw. zweiten Versuchsplan. Die Wirksamkeit ist hier also von vier Fak-

---

[1] Vgl. BILLETER, ERNST P.: (41).

toren abhängig angenommen. Der Versuchsfehler je Beobachtung nimmt nun mit zunehmender Anzahl Wiederholungen ab. Für zwei Versuche ergibt sich hier nach COCHRAN-COX (44) die Beziehung

$$2 \frac{\sigma^2}{r} \tag{2}$$

wo σ^2 die Fehlerstreuung je Einheit und r die Anzahl der Wiederholungen bezeichnen.

1.4. Arten von Versuchsplänen

Die Wesensmerkmale der Versuchsplanung sind bekanntlich die zweckmäßigste Wahl der statistischen Daten und die Abschirmung der Versuchsergebnisse, d. h. der abhängigen Variablen, gegen Störeinflüsse. Die Versuchspläne bezwecken nun vor allem, dem zweiten Wesensmerkmal gerecht zu werden. Es wurde auch schon dargelegt, daß verschiedene Versuchspläne unterschiedliche Wirksamkeit aufweisen können. Im folgenden soll nun versucht werden, einige der wichtigsten dieser Versuchspläne kurz darzulegen.

Grundsätzlich lassen sich zwei Gruppen von Versuchsplänen unterscheiden, die *systematischen* und die *zufälligen Pläne.* Die systematischen Pläne sind älter als die zufälligen Pläne, wurden sie doch schon um 1834 für landwirtschaftliche Versuche eingesetzt. In neuerer Zeit sind sie aber von den zufälligen Plänen immer mehr verdrängt worden, welche hauptsächlich durch R. A. FISHER um das Jahr 1920 entwickelt worden sind. Im folgenden soll nur von den zufälligen Plänen die Rede sein.

Unter den zufälligen Versuchsplänen können drei Hauptarten unterschieden werden, die *vollständigen Block-Pläne* (complete block designs), die *unvollständigen Block-Pläne* (incomplete block designs) und die *faktoriellen Pläne* (factorial designs). Unter der Bezeichnung Block versteht man hier eine Gruppe von Versuchsergebnissen. So ergeben unterschiedliche Behandlungen verschiedene Gruppen von Versuchsergebnissen oder Blöcken. Im früher angeführten Beispiel ergäbe die Behandlung des Bodens mit verschiedenen Düngerarten verschiedene Gruppen von Versuchsergebnissen oder Blöcken. Der Unterschied zwischen diesen Hauptarten besteht folglich darin, daß zwischen Versuchen unterschieden wird, bei welchen diese Gruppen oder Blöcke vollständig, und bei anderen diese Blöcke unvollständig sind. Wenn die Blockaufteilung auf Schwierigkeiten stößt, weil beispielsweise zu wenig Versuchsergebnisse vorliegen, um genügend große Blöcke zu bilden, ist es zweckmäßig, faktorielle Pläne zu wählen.

Unter den vollständigen Block-Plänen können *vollständige Zufallspläne* (completely randomized designs), *zufällige Block-Pläne* (randomized block designs) und *lateinische Quadrat-Pläne* (latin square designs) unterschieden werden. Die lateinischen Quadrat-Pläne können noch weiter verfeinert werden; so ergeben sich dadurch die *griechisch-lateinischen Quadrat-Pläne* (graeco-latin square designs) und die *hyper-griechisch-lateinischen Quadrat-Pläne* (hyper-graeco-latin square designs).

Die unvollständigen Block-Pläne gliedern sich in *ausgewogene unvollständige Block-Pläne* (balanced incomplete block designs), *partiell-ausgewogene unvollständige Block-Pläne* (partially balanced incomplete block designs). Einen besonderen ausgewogenen unvollständigen Block-Plan stellt das *Youden-Quadrat* dar, das auch eine gewisse Verwandtschaft mit den lateinischen Quadrat-Plänen hat. Das Youden-Quadrat ist im Jahre 1940 durch den Statistiker Youden eingeführt worden (63).

Die faktoriellen Pläne werden vor allem dann verwendet, wenn zwei oder mehr Behandlungen gleichzeitig während eines Versuches untersucht werden sollen. Man unterscheidet zur Hauptsache vier Arten faktorieller Pläne, die *faktoriellen Pläne bei vollständigen Zufalls-Blöcken* (completely randomized block factorial designs), *vermischte faktorielle Pläne* (confounded factorial designs), *fraktionierte faktorielle Pläne* (fractional factorial designs) sowie *Pläne mit Teile-Spaltungen* (split-plot designs). Von diesen Versuchsanordnungen ist der fraktionierte faktorielle Versuchsplan einer der jüngsten. Er wurde von Finney (46, 47) im Jahre 1945/46 eingeführt und dann später vor allem durch Kempthorne (54) im Jahre 1947 weiterentwickelt.

Selbstverständlich können einzelne dieser Pläne in bestimmter Weise miteinander verbunden werden, um daraus neue, wirksamere Versuchspläne zu erhalten. Es würde hier aber zu weit führen, auch auf solche Sonderpläne einzugehen. Es soll lediglich versucht werden, einzelne der wichtigsten Versuchspläne kurz zu kennzeichnen. Eine auch nur knappe Kenntnis einzelner Versuchspläne dürfte auch für den mit wirtschaftlichen Problemen beschäftigten Statistiker vorteilhaft sein, wird doch auch er in die Lage kommen können, Versuchspläne zu entwickeln und auszuwerten. Dies gilt vor allem für das Gebiet der Marktforschung, wo sehr oft Versuche und Erhebungen durchgeführt werden, die zu wenig auf Versuchspläne abgestützt sind.

2. Darstellung von Versuchsplänen

2.1. Vollständige Block-Pläne

2.1.1. Vollständige Zufallspläne

Der einfachste Versuchsplan ist durch den vollständigen Zufallsplan gegeben. Er wird verwendet, wenn mehrere Behandlungsverfahren miteinander verglichen werden sollen. So kann dieser Versuchsplan eingesetzt werden, wenn beispielsweise die Wirksamkeit mehrerer Publizitätsmittel (z. B. Zeitungen, Radio, Fernsehen) auf die Käufer eines Produktes geprüft werden soll. Dabei können sich bestimmte Einflüsse störend bemerkbar machen, wie z. B. Alter, soziale Stellung, Staatszugehörigkeit des Käufers. Es gilt hier also, den Versuch (Stichprobenerhebung) so durchzuführen, daß die abhängige Variable (Wirkung der Werbung) möglichst störungsfrei erscheint. Zu diesem Zweck kann ein vollständiger Zufallsplan entworfen werden.

Die einzelnen Behandlungsverfahren (im vorliegenden Beispiel die Publizitätsmittel) sollen mit $B_1, B_2, \ldots B_j \ldots B_m$ bezeichnet werden. Die Stichprobe umfaßt n Elemente (z. B. befragte Personen)[1]. Diese n Elemente x_i $(i = 1, 2, \ldots n)$ der Stichprobe werden nun in zufälliger Weise (mit Hilfe von Zufallszahlen) den einzelnen Behandlungsverfahren gleichmäßig zugeordnet. Nimmt man beispielsweise $m = 4$ und $n = 16$ an, so ergibt sich die folgende Aufteilung:

Behandlungsverfahren			
B_1	B_2	B_3	B_4
x_{11}	x_{12}	x_{13}	x_{14}
x_{21}	x_{22}	x_{23}	x_{24}
x_{31}	x_{32}	x_{33}	x_{34}
x_{41}	x_{42}	x_{43}	x_{44}

Für die einzelnen Behandlungsverfahren ergeben sich durchschnittliche Ergebnisse aus der Stichprobe, nämlich:

für B_1	$\bar{x}_{.1}$	für B_3	$\bar{x}_{.3}$
für B_2	$\bar{x}_{.2}$	für B_4	$\bar{x}_{.4}$

Der Gesamtdurchschnitt wird dann mit $\bar{x}_{..}$ bezeichnet. Die Streuungen je Behandlungsstufe sind weiter σ_j^2 $(j = 1, 2, 3, 4)$.

Jedem Versuchsplan entspricht ein mathematisches Modell. Das lineare Modell für den vollständigen Zufallsplan kann durch die folgende Beziehung dargestellt werden:

$$\underline{x_{ij} = M + b_j + e_{ij}} \tag{3}$$

Danach hängt das Versuchsergebnis für das Element (i, j) vom Durchschnittswert in der Grundgesamtheit M, vom Einfluß des Behandlungsverfahrens b_j und von einer Fehlerkomponente e_{ij} ab, die für jedes Behandlungsverfahren und jedes Element verschieden sein kann. Diese Fehlerkomponente stellt eine Schätzung aller Einflüsse dar, die nicht auf

[1] Methoden, die zur Bestimmung von n führen, sind im Teil über Stichprobentheorie aufgeführt worden.

die einzelnen Behandlungsverfahren zurückgeführt werden können. In der Regel sind diese Parameter des linearen Modells unbekannt. Doch können sie durch Schätzwerte angenähert werden. Diese Schätzwerte sind für den Parameter M der Gesamtdurchschnitt $\bar{x}_{..}$, für b_j die Abweichung $(\bar{x}_{.j} - \bar{x}_{..})$ und für e_{ij} die Differenz $(x_{ij} - \bar{x}_{.j})$. Setzt man diese Werte in die rechte Seite der Beziehung (3) ein, so ergibt sich die linke Seite dieser Beziehung.

Wichtig ist hier, daß die Zuteilung der einzelnen Elemente x_{ij} zu den einzelnen Behandlungsverfahren zufällig erfolgt ist. Für die nach diesem Versuchsplan aufgeteilten Elemente auf die einzelnen Behandlungsstufen wird nun eine Streuungszerlegung[1] durchgeführt. Die Streuungszerlegung bei einem Modell nach Beziehung (3) setzt drei Bedingungen voraus. Die erste besagt, daß die Fehlerkomponenten e_{ij} unabhängig innerhalb jeder Behandlungsstufe sind. Unter der Annahme, daß die einzelnen Elemente zufällig auf die einzelnen Behandlungsstufen verteilt sind und daß andere mit dem Versuch zusammenhängende Faktoren (z. B. Meßgenauigkeit) für jede Behandlungsstufe konstant gehalten werden, kann diese Bedingung als erfüllt betrachtet werden.

Die zweite Bedingung besteht darin, daß den Fehlerkomponenten innerhalb der einzelnen Behandlungsstufen Normalverteilungen zugrunde liegen. Dies besagt aber, daß die Merkmalswerte x_{ij} der Elemente innerhalb jeder Behandlungsstufe normal verteilt sind.

Die dritte Bedingung lautet, daß die durch die Fehlerkomponente verursachte Streuung innerhalb der einzelnen Behandlungsstufen homogen sein soll. Dies besagt, daß $\sigma_1^2 = \sigma_2^2 = \ldots = \sigma_m^2$. Sollten Zweifel bestehen, ob diese Bedingung als erfüllt betrachtet werden kann, so können verschiedene Prüfverfahren verwendet werden, um Klarheit über diesen Zweifel zu schaffen. Die eine Möglichkeit ist durch die Formel von Bartlett (39) gegeben:

$$B = \frac{2{,}30259}{C}\left[\nu \log\left(\frac{\sum\limits_{j=1}^{m} \sigma_j^2}{\nu}\right) - \sum_{j=1}^{m} (\nu_j \log \sigma_j^2)\right] \tag{4}$$

wo

$$C = 1 + \frac{\sum\limits_{j=1}^{m} \frac{1}{\nu_j} - \frac{1}{\nu}}{3\,(m-1)} \tag{4 a}$$

und ν_j = Freiheitsgrade für σ_j^2, $\nu = \sum\limits_{j=1}^{m} \nu_j$, σ_j^2 = Schätzwert der Streuung in der Grundgesamtheit für die Behandlungsstufe j sind. Je nach der

[1] Vgl. Billeter, Ernst P.: (41), S. 172.

Größe des Wertes B kann angenommen werden, daß die Streuungen homogen sind[1].

Die Bezeichnung Freiheitsgrad stellt die Anzahl Beobachtungen abzüglich der Zahl unabhängiger Parameter dar, die zur Bestimmung der Maßzahl (hier der Streuung) notwendig sind. Ein einfaches Beispiel möge diesen Begriff erklären. Gegeben seien drei noch unbestimmte Werte x_1, x_2 und x_3, die zusammen ein bestimmtes arithmetisches Mittel ergeben sollen. Dieser Mittelwert ist aber bekanntlich einerseits durch die Summe der Werte x_1, x_2 und x_3 und andrerseits durch die Anzahl Werte (hier also 3) bestimmt. Da die Anzahl der Werte von vornherein gegeben ist, muß man also nur die Summe S festlegen. Unter diesen Bedingungen ist die Anzahl der Freiheitsgrade gleich der Anzahl Beobachtungen (3) abzüglich der Zahl unabhängiger Parameter (1, nämlich das arithmetische Mittel), also gleich 2. Am Beispiel kann man sich diesen Sachverhalt folgendermaßen veranschaulichen. Von den drei Werten x_1, x_2 und x_3 können zwei frei gewählt werden. Der dritte Wert aber ist durch den Parameter, das arithmetische Mittel, gebunden. Die Anzahl der frei wählbaren Werte ist gleich der Zahl der Freiheitsgrade.

Eine zweite Möglichkeit besteht darin, das Verhältnis des größten zum kleinsten dieser Streuungswerte zu bilden, d. h.

$$F_{\max} = \frac{\sigma^2_{j\,\max}}{\sigma^2_{j\,\min}} \tag{5}$$ [2]

Die Anzahl Freiheitsgrade für diese Maßzahl ist m und $n-1$, wo m die Anzahl der Streuungen bzw. Behandlungsstufen darstellt. Diese Formel wurde von Hartley (53) vorgeschlagen. Wiederum hängt die Entscheidung, ob die Homogenität der Streuungen angenommen werden kann oder nicht, von der Größe des Wertes $F_{\max}$ ab.

Cochran (43) hat eine andere Formel vorgeschlagen, nämlich:

$$C = \frac{\sigma^2_{j\,\max}}{\sum_{j=1}^{m} \sigma^2_j} \tag{6}$$

Die Anzahl Freiheitsgrade ist hier gleich m und $n-1$, wie bei der Maßzahl von Hartley.

---

[1] Auf Verfahren, die die Prüfung solcher Maßzahlen möglich machen, und auf die dazugehörige Theorie soll in einem weiteren Bande dieses Werkes eingegangen werden.

[2] Über die Bedeutung der hier immer wiederkehrenden Maßzahl F wird im Teil über statistische Testverfahren näher eingegangen werden.

Hat man sich nun vergewissert, daß die Bedingungen für die Anwendung der Methode der Streuungszerlegung erfüllt sind, kann diese nun durchgeführt werden. Die Streuungszerlegung beruht bekanntlich auf der Aufgliederung der Gesamtstreuung in zwei (oder mehr) Komponenten, der Streuung innerhalb der Gruppen und der Streuung zwischen den Gruppen. Es sind nun diese beiden Streuungskomponenten abzuleiten. Ausschlaggebend ist stets die Summe der Abweichungsquadrate, die dann durch die entsprechende Anzahl Freiheitsgrade dividiert werden muß, um die gesuchte Streuung zu erhalten.

Für die *Streuung zwischen den Gruppen* ergibt sich die folgende Formel für die Summe der Abweichungsquadrate.

$$k \sum_{j=1}^{m} (\bar{x}_{.j} - \bar{x}_{..})^2 = k \sum_{j=1}^{m} (\bar{x}^2_{.j} - 2\bar{x}_{.j}\bar{x}_{..} + \bar{x}^2_{..}) =$$

$$= k \left(\sum_{j=1}^{m} \bar{x}^2_{.j} - 2\bar{x}_{..} \sum_{j=1}^{m} \bar{x}_{.j} + m\bar{x}^2_{..} \right)$$

Hier ist nun

$$\bar{x}_{.j} = \frac{\sum_{i=1}^{k} x_{ij}}{k} \quad \text{und} \quad \bar{x}_{..} = \frac{\sum_{i=1}^{k} \sum_{j=1}^{m} x_{ij}}{km}.$$

Setzt man diese Werte ein, so folgt unmittelbar:

$$k \sum_{j=1}^{m} (\bar{x}_{.j} - \bar{x}_{..})^2 = k \sum_{j=1}^{m} \frac{(\sum_{i=1}^{k} x_{ij})^2}{k^2} - 2k \frac{\sum_{i=1}^{k} \sum_{j=1}^{m} x_{ij}}{km} \frac{\sum_{i=1}^{k} \sum_{j=1}^{m} x_{ij}}{k} +$$

$$+ km \frac{(\sum_{i=1}^{k} \sum_{j=1}^{m} x_{ij})^2}{k^2 m^2} =$$

$$= \sum_{j=1}^{m} \frac{(\sum_{i=1}^{k} x_{ij})^2}{k} - 2 \frac{(\sum_{i=1}^{k} \sum_{j=1}^{m} x_{ij})^2}{km} + \frac{(\sum_{i=1}^{k} \sum_{j=1}^{m} x_{ij})^2}{km} =$$

$$= \sum_{j=1}^{m} \frac{(\sum_{i=1}^{k} x_{ij})^2}{k} - \frac{(\sum_{i=1}^{k} \sum_{j=1}^{m} x_{ij})^2}{km}$$

Es ergibt sich die folgende Beziehung:

$$\underline{k \sum_{i=1}^{m} (\bar{x}_{.j} - \bar{x}_{..})^2 = \frac{1}{k} \sum_{j=1}^{m} (\sum_{i=1}^{k} x_{ij})^2 - \frac{1}{km} (\sum_{i=1}^{k} \sum_{j=1}^{m} x_{ij})^2} \qquad (7)$$

Die Anzahl der Freiheitsgrade stellt sich hier auf $(m-1)$.

Die zweite Streuungskomponente, die *Streuung innerhalb der Gruppen,* ist durch die folgende Beziehung gegeben.

$$\sum_{j=1}^{m}\left[\sum_{i=1}^{k}(x_{ij}-\bar{x}_{.j})^2\right]=\sum_{j=1}^{m}\sum_{i=1}^{k}(x_{ij}^2-2x_{ij}\bar{x}_{.j}+\bar{x}_{.j}^2)=$$

$$=\sum_{j=1}^{m}\left(\sum_{i=1}^{k}x_{ij}^2-2\bar{x}_{.j}\sum_{i=1}^{k}x_{ij}+k\bar{x}_{.j}^2\right)$$

Da nun offenbar

$$\sum_{i=1}^{k}x_{ij}=k\bar{x}_{.j}$$

ist, folgt für die Streuung innerhalb der Gruppen:

$$\sum_{j=1}^{m}\left[\sum_{i=1}^{k}(x_{ij}-\bar{x}_{.j})^2\right]=\sum_{j=1}^{m}\left(\sum_{i=1}^{k}x_{ij}^2-2k\bar{x}_{.j}^2+k\bar{x}_{.j}^2\right)=$$

$$=\sum_{j=1}^{m}\left(\sum_{i=1}^{k}x_{ij}^2-k\bar{x}_{.j}^2\right)$$

das heißt

$$\underline{\sum_{j=1}^{m}\left[\sum_{i=1}^{k}(x_{ij}-\bar{x}_{.j})^2\right]=\sum_{i=1}^{k}\sum_{j=1}^{m}x_{ij}^2-\frac{1}{k}\sum_{j=1}^{m}\left(\sum_{i=1}^{k}x_{ij}\right)^2} \tag{8}$$

Die Anzahl der Freiheitsgrade beträgt für diese Streuungskomponente $mk-m=m(k-1)$.

Bezeichnet man einfachheitshalber

$$\sum_{j=1}^{m}\left(\sum_{i=1}^{k}x_{ij}\right)^2=S_1$$

$$\sum_{i=1}^{k}\sum_{j=1}^{m}x_{ij}=S_2$$

$$\sum_{i=1}^{k}\sum_{j=1}^{m}x_{ij}^2=S_3$$

so können die gewonnenen Resultate folgendermaßen zusammengefaßt werden:

Streuung zwischen den Gruppen:

$$\underline{k\sum_{j=1}^{m}(\bar{x}_{.j}-\bar{x}_{..})^2}=\frac{1}{k}S_1-\frac{1}{km}S_2^2=\underline{\frac{1}{k}\left(S_1-\frac{1}{m}S_2^2\right)} \tag{7 a}$$

Streuung innerhalb der Gruppen:

$$\sum_{j=1}^{m} \left[\sum_{i=1}^{k} (x_{ij} - \bar{x}_{.j})^2 \right] = S_3 - \frac{1}{k} S_1 \tag{8a}$$

Mit diesen Ergebnissen kann nun die Tabelle der Streuungszerlegung aufgestellt werden.

Streuungs-komponenten	Freiheits-grade	Summe der Abweichungs-quadrate	Werte der Streuungs-komponenten
Zwischen den Gruppen	$m-1$	$\frac{1}{k}\left(S_1 - \frac{1}{m} S_2^2\right)$	$\frac{1}{k(m-1)}\left(S_1 - \frac{1}{m} S_2^2\right)$
Innerhalb der Gruppen	$m(k-1)$	$S_3 - \frac{1}{k} S_1$	$\frac{1}{m(k-1)}\left(S_3 - \frac{1}{k} S_1\right)$
Gesamtstreuung	$km-1$	$S_3 - \frac{1}{km} S_2^2$	$\frac{1}{km-1}\left(S_3 - \frac{1}{km} S_2^2\right)$

Entscheidend ist hier das Verhältnis zwischen den Werten der Streuungskomponenten, d. h. das Verhältnis

$$F = \frac{\frac{1}{k(m-1)}\left(S_1 - \frac{1}{m} S_2^2\right)}{\frac{1}{m(k-1)}\left(S_3 - \frac{1}{k} S_1\right)} = \frac{k-1}{m-1} \; \frac{m S_1 - S_2^2}{k S_3 - S_1} \tag{9}$$

Die Berechnung einer Streuungszerlegung auf Grund dieser Formeln und Tabelle mag vielleicht etwas schwierig erscheinen. Es soll deshalb diese Streuungszerlegung bis zur Berechnung von F als Ablaufdiagramm[1] dargestellt werden. Diese Darstellung hat den Vorteil, daß die Schwierigkeiten der formelmäßigen Darstellung nicht in Erscheinung treten und daß sie Schritt für Schritt den Berechnungsgang aufzeigt. Bei einem praktischen Beispiel braucht man nur diesem Rechnungsgang zu folgen, um sicher und ohne mühsame Formelinterpretation zur Lösung zu gelangen. Diese Darstellung hat überdies den Vorteil, daß sie die Vorstufe dazu bildet, die Lösung für ein elektronisches Datenverarbeitungsgerät zu programmieren. Das Ablaufdiagramm für die oben angegebene Streuungszerlegungstafel ist auf S. 111 angegeben. Die Interpretation geht aus

[1] Die Technik der Darstellung solcher Ablaufdiagramme ist in Billeter (40) erklärt.

Billeter (40) hervor. Die Anzahl der Freiheitsgrade für dieses Verhältnis ist, wie aus der Streuungszerlegungstafel hervorgeht, gleich $(m-1)$ und $m(k-1)$. Die Größe des Parameters F ist für die Folgerungen, die aus den Ergebnissen gewonnen worden sind, entscheidend.

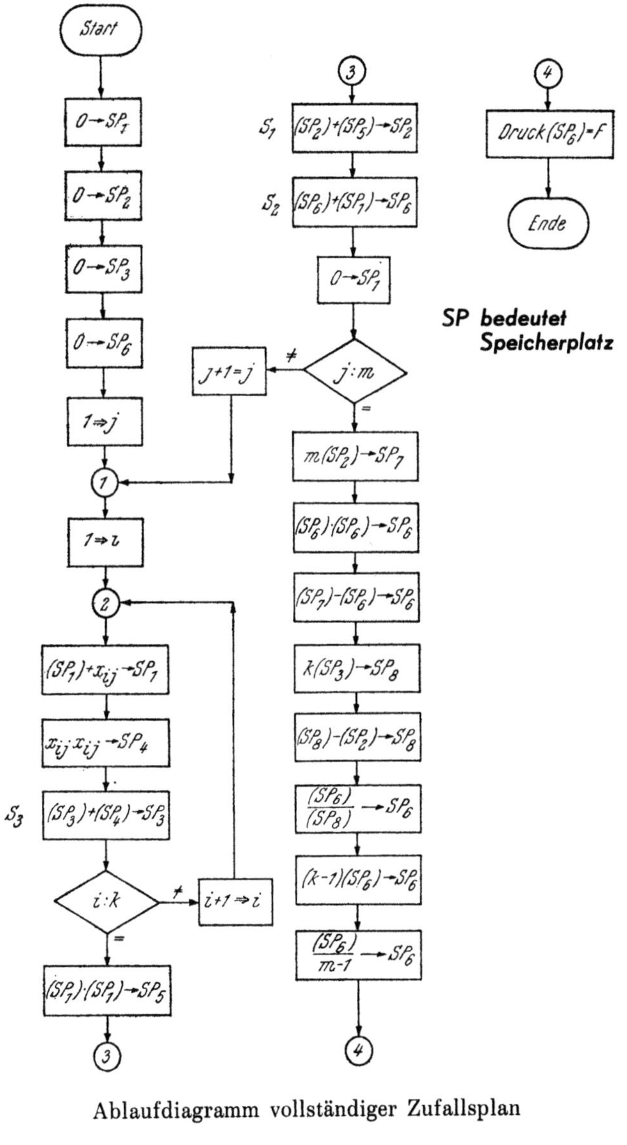

Ablaufdiagramm vollständiger Zufallsplan

Ist der Wert b_j in der Beziehung (3) für alle Werte j ungleich Null, so muß bei der Maßzahl F neben den beiden Freiheitsgraden noch ein weiterer Parameter berücksichtigt werden, nämlich der Wert:

$$\delta = \sqrt{\frac{\sum_{j=1}^{m} k b_j^2}{\sigma_e^2}} \tag{10}$$

Eine unverzerrte Schätzung für σ_e^2 ist der Wert

$$\frac{1}{k(m-1)}\left(S_1 - \frac{1}{m} S_2^2\right).$$

Der Bestandteil

$$\sum_{j=1}^{m} k b_j^2$$

ist durch die folgende Beziehung gegeben.

$$\sum_{j=1}^{m} b_j^2 = \frac{m-1}{k}\left[\frac{1}{k(m-1)}\left(S_1 - \frac{1}{m} S_2^2\right) - \frac{1}{m(k-1)}\left(S_3 - \frac{1}{k}\right) S_1\right] \tag{11}$$

was aus der folgenden Ableitung leicht ersichtlich ist.

Der Erwartungswert der Beziehung $\frac{1}{k} S_1$ ist durch den folgenden Ausdruck gegeben:

$$E\left(\frac{1}{k} S_1\right) = E\left[\sum_{j=1}^{m} \frac{(\sum_{i=1}^{k} x_{ij})^2}{k}\right] = E\left\{\sum_{j=1}^{m} \frac{[\sum_{i=1}^{k} (M + b_j + e_{ij})]^2}{k}\right\} =$$

$$= \frac{1}{k} \sum_{j=1}^{m} E\{[\sum_{i=1}^{k} (M + b_j + e_{ij})]^2\} =$$

$$= \frac{1}{k} \sum_{j=1}^{m} E(kM + k b_j + \sum_{i=1}^{k} e_{ij})^2 =$$

$$= \frac{1}{k} \sum_{j=1}^{m} E[k^2 M^2 + k^2 b_j^2 + (\sum_{i=1}^{k} e_{ij})^2 + 2 k^2 M b_j +$$

$$+ 2 k M \sum_{i=1}^{k} e_{ij} + 2 k b_j \sum_{i=1}^{k} e_{ij}]$$

Nun ist aber:

$$E(\sum_{i=1}^{k} e_{ij}) = k M_e \qquad E(\sum_{j=1}^{m} b_j^2) = \sum_{j=1}^{m} b_j^2 \qquad E(\sum_{i=1}^{k} e_{ij})^2 = k \sigma_e^2$$

Daraus folgt:

$$E\left(\frac{1}{k}S_1\right)=\frac{1}{k}\sum_{j=1}^{m}(k^2M^2+k^2b_j^2+k\sigma_e^2+2k^2Mb_j+2k^2M_eM+2k^2b_jM_e)=$$

$$=\frac{1}{k}\sum_{j=1}^{m}[k^2M^2+k^2b_j^2+k\sigma_e^2+2k^2Mb_j]$$

weil definitionsgemäß $M_e = 0$ ist.

Es ist also:

$$E\left(\frac{1}{k}S_1\right)=\frac{1}{k}(mk^2M^2+k^2\sum_{j=1}^{m}b_j^2+mk\sigma_e^2 2k^2M\sum_{j=1}^{m}b_j)=$$

$$=mkM^2+k\sum_{j=1}^{m}b_j^2+m\sigma_e^2+2kM\sum_{j=1}^{m}b_j$$

Nun ist definitionsgemäß

$$\sum_{j=1}^{m}b_j=0.$$

Es ergibt sich somit:

$$\underline{E\left(\frac{1}{k}S_1\right)=mkM^2+k\sum_{j=1}^{m}b_j^2+m\sigma_e^2} \qquad (12)$$

Der zweite Wert in der Formel für die Summe der Abweichungsquadrate ist gleich:

$$E\left(\frac{1}{km}S_2^2\right)=E\left[\frac{1}{km}(\sum_{i=1}^{k}\sum_{j=1}^{m}x_{ij})^2\right]=$$

$$=E\left\{\frac{1}{km}[\sum_{i=1}^{k}\sum_{j=1}^{m}(M+b_j+e_{ij})]^2\right\}=$$

$$=\frac{1}{km}E[kmM+k\sum_{j=1}^{m}b_j+\sum_{i=1}^{k}\sum_{j=1}^{m}e_{ij}]^2=$$

$$=\frac{1}{km}E[k^2m^2M^2+k^2(\sum_{j=1}^{m}b_j)^2+(\sum_{i=1}^{k}\sum_{j=1}^{m}e_{ij})^2+$$

$$+2k^2mM\sum_{j=1}^{m}b_j+2kmM\sum_{i=1}^{k}\sum_{j=1}^{m}e_{ij}+2k\sum_{j=1}^{m}b_j\sum_{i=1}^{k}\sum_{j=1}^{m}e_{ij}]=$$

$$=\frac{1}{km}(k^2m^2M^2+km\sigma_e^2)$$

Es ist nämlich weiter

$$E\left(\sum_{i=1}^{k}\sum_{j=1}^{m} e_{ij}\right)^2 = k\,m\,\sigma_e^2$$

Es ergibt sich somit:

$$\underline{E\left(\frac{1}{k\,m}\,S_2^2\right) = k\,m\,M^2 + \sigma_e^2} \tag{13}$$

Der gesuchte Erwartungswert der Summe der Abweichungsquadrate für die Streuung zwischen den Gruppen ist folglich [nach den Beziehungen (12) und (13)]:

$$\underline{E\left[\frac{1}{k}\left(S_1 - \frac{1}{m}\,S_2^2\right)\right]} = k\,m\,M^2 + k\sum_{j=1}^{m} b_j^2 + m\,\sigma_e^2 - k\,m\,M^2 - \sigma_e^2 =$$

$$\underline{= k\sum_{j=1}^{m} b_j^2 + \sigma_e^2\,(m-1)} \tag{14}$$

Teilt man diese Summe durch die entsprechende Anzahl Freiheitsgrade $(m-1)$, so ergibt sich der Ausdruck

$$\frac{1}{k\,(m-1)}\left(S_1 - \frac{1}{m}\,S_2^2\right) - \frac{1}{m\,(k-1)}\left(S_3 - \frac{1}{k}\,S_1\right) = \frac{k\sum\limits_{j=1}^{m} b_j^2}{m-1} + \sigma_e^2$$

oder

$$\sum_{j=1}^{m} b_j^2 = \frac{m-1}{k}\left[\frac{1}{k\,(m-1)}\left(S_1 - \frac{1}{m}\,S_2^2\right) - \frac{1}{m\,(k-1)}\left(S_3 - \frac{1}{k}\,S_1\right)\right]$$

d. h. die Beziehung (11), von welcher wir ausgegangen sind.

2.1.2. Zufällige Block-Pläne

Zufällige Block-Pläne werden zweckmäßigerweise dann verwendet, wenn die Streuung zwischen den einzelnen Beobachtungsergebnissen den Einfluß einer bestimmten Behandlung verdecken könnte. In diesem Falle werden die einzelnen Beobachtungsergebnisse zu Gruppen oder Blöcken derart zusammengefaßt, daß die Streuung zwischen den Beobachtungsergebnissen innerhalb der Blöcke kleiner ist als die Streuung zwischen den Blöcken. Dabei muß die Anzahl der Beobachtungsergebnisse je Block gleich groß sein. Die einzelnen Beobachtungsergebnisse innerhalb eines Blocks werden zufällig den einzelnen Behandlungsstufen zugeordnet. Es wird also eine möglichst große Homogenität innerhalb eines jeden Blocks angestrebt.

Das Modell dieses Versuchsplanes ist nun etwas komplizierter als jenes bei vollständigen Zufallsplänen [Formel (3)]. In diesem Falle ergibt sich das folgende Modell:

$$\underline{x_{ij} = M + b_j + c_i + e_{ij}} \tag{15}$$

Hier bedeuten M den Gesamtquerschnitt für alle Beobachtungswerte x_{ij} (Durchschnitt in der Grundgesamtheit), b_j den Einfluß des Behandlungsverfahrens j, der für alle Beobachtungswerte innerhalb einer Behandlungsstufe j konstant ist, d. h. also $\sum_{j=1}^{m} b_j = 0$, c_i einen Festwert, der dem Block i eigen ist, wobei $\sum_{i=1}^{k} c_i = 0$, und endlich e_{ij} die Komponente, die aus dem Versuchsfehler entsteht; sie ist innerhalb jeder Behandlungsstufe normal verteilt mit Mittelwert 0 und Streuung σ_e^2. Von diesen Bestimmungsgrößen ist hier, verglichen mit dem Modell des vollständigen Zufallsplanes, die Komponente c_i neu hinzugekommen.

Die Versuchsanordnung entspricht der folgenden Tabelle, welche die Struktur dieses Versuchsplanes kennzeichnet. Einfachheitshalber wurden hier 4 Behandlungsstufen ($m = 4$) und 5 Blöcke ($k = 5$) angenommen.

Blöcke	Behandlungsstufen				Summe
	B_1	B_2	B_3	B_4	
1	x_{11}	x_{12}	x_{13}	x_{14}	$x_{1.}$
2	x_{21}	x_{22}	x_{23}	x_{24}	$x_{2.}$
3	x_{31}	x_{32}	x_{33}	x_{34}	$x_{3.}$
4	x_{41}	x_{42}	x_{43}	x_{44}	$x_{4.}$
5	x_{51}	x_{52}	x_{53}	x_{54}	$x_{5.}$
Summe	$x_{.1}$	$x_{.2}$	$x_{.3}$	$x_{.4}$	$x_{..}$

Dieses Schema kann leicht verallgemeinert werden, indem statt nur 4 Behandlungsstufen j deren m ($j = 1, 2, \ldots m$) und statt nur 5 Blöcken i deren k ($i = 1, 2, \ldots k$) zugrunde gelegt werden.

Beim vollständigen Zufallsplan kam es bekanntlich nicht auf die Zusammensetzung der einzelnen Blöcke an, wurden doch die Beobachtungswerte zufällig auf die einzelnen Behandlungsstufen und Blöcke verteilt. Bei diesem Versuchsplan muß aber darauf geachtet werden, daß die Zusammensetzung der Blöcke möglichst homogen ist. Dies kommt im Modell nach Formel (15) deutlich zum Ausdruck und wird offensichtlich auch im Schema der Streuungszerlegung ihren Niederschlag finden. Die Streuungsbestandteile sind hier die Streuung zwischen den Behandlungsstufen, die Streuung zwischen den Blöcken und die Restkomponente. Der

Streuung zwischen den Behandlungsstufen entspricht beim vollständigen Zufallsplan die Streuung zwischen den Gruppen. Die Gesamtstreuung ist für beide Pläne formelmäßig die gleiche. Die Formel der Summe der Abweichungsquadrate der Komponente zwischen den Behandlungsstufen für diesen Versuchsplan entspricht jener für die Streuungskomponente zwischen den Gruppen beim vollständigen Zufallsplan. Es muß hier also noch die Streuungskomponente zwischen den Blöcken abgeleitet werden, die beim vollständigen Zufallsplan nicht bestanden hatte.

Die Summe der Abweichungsquadrate bei der *Streuung zwischen den Blöcken* ist durch die folgende Beziehung gegeben:

$$m \sum_{i=1}^{k} (\bar{x}_{i.} - \bar{x}_{..})^2 \tag{16}$$

Es gilt nun, diese Beziehung zu entwickeln.

$$m \sum_{i=1}^{k} (\bar{x}_{i.} - \bar{x}_{..})^2 = m \sum_{i=1}^{k} (\bar{x}_{i.}^2 - 2\bar{x}_{i.}\bar{x}_{..} + \bar{x}_{..}^2) =$$

$$= m \left(\sum_{i=1}^{k} \bar{x}_{i.}^2 - 2\bar{x}_{..} \sum_{i=1}^{k} \bar{x}_{i.} + k\bar{x}_{..}^2 \right)$$

Nun ist bekanntlich

$$\bar{x}_{i.} = \frac{\sum_{j=1}^{m} x_{ij}}{m} \quad \text{und} \quad \bar{x}_{..} = \frac{\sum_{i=1}^{k} \sum_{j=1}^{m} x_{ij}}{km}.$$

Setzt man diese Werte in die Ableitung ein, so ergibt sich:

$$m \sum_{i=1}^{k} (\bar{x}_{i.} - \bar{x}_{..})^2 =$$

$$= m \sum_{i=1}^{k} \frac{\left(\sum_{j=1}^{m} x_{ij}\right)^2}{m^2} - 2m \frac{\sum_{i=1}^{k} \sum_{j=1}^{m} x_{ij}}{km} \sum_{i=1}^{k} \frac{\sum_{j=1}^{m} x_{ij}}{m} + km \frac{\left(\sum_{i=1}^{k} \sum_{j=1}^{m} x_{ij}\right)^2}{k^2 m^2} =$$

$$= \frac{1}{m} \sum_{i=1}^{k} \left(\sum_{j=1}^{m} x_{ij} \right)^2 - 2m \frac{1}{km^2} \left(\sum_{i=1}^{k} \sum_{j=1}^{m} x_{ij} \right)^2 + \frac{1}{km} \left(\sum_{i=1}^{k} \sum_{j=1}^{m} x_{ij} \right)^2 =$$

$$= \frac{1}{m} \sum_{i=1}^{k} \left(\sum_{j=1}^{m} x_{ij} \right)^2 - \frac{1}{km} \left(\sum_{i=1}^{k} \sum_{j=1}^{m} x_{ij} \right)^2$$

Setzt man

$$\sum_{i=1}^{k} \left(\sum_{j=1}^{m} x_{ij} \right)^2 = S_4 \tag{17}$$

so folgt die Beziehung für die Summe der Abweichungsquadrate der Streuungskomponente zwischen den Blöcken:

$$m \sum_{i=1}^{k} (\bar{x}_{i.} - \bar{x}_{..})^2 = \frac{1}{m} S_4 - \frac{1}{km} S_2^2 \qquad (18)$$

Die Zahl der Freiheitsgrade stellt sich hier, wie leicht ersichtlich ist, auf $(k-1)$.

Nun kann die Streuungszerlegungs-Tabelle aufgestellt werden.

Streuungsquelle	Freiheitsgrade	Summe der Abweichungs-quadrate	Streuungs-komponente
Zwischen Behandlungsstufen	$m-1$	Q_1	$Q_1 / m-1$
Zwischen Blöcken	$k-1$	Q_2	$Q_2 / k-1$
Restkomponente	$(m-1)(k-1)$	Q_3	$Q_3 / (m-1)(k-1)$
Gesamtstreuung	$km-1$	Q_T	$Q_T / km-1$

Von diesen Komponenten sind uns Q_1 und Q_T vom vollständigen Zufallsplan bekannt. Es ist nämlich

$$Q_1 = \frac{1}{k} S_1 - \frac{1}{km} S_2^2 \quad \text{(vgl. S. 109)}$$

$$Q_T = S_3 - \frac{1}{km} S_2^2$$

wo S_1, S_2 und S_3 auf S. 109 definiert worden sind. Die zweite Komponente, die Streuung zwischen den Blöcken, wurde soeben abgeleitet [Formel (18)]. Die entsprechende Summe der Abweichungsquadrate ist gleich:

$$Q_2 = \frac{1}{m} S_4 - \frac{1}{km} S_2^2$$

wo S_4 durch Formel (17) definiert ist. Es fehlt noch die Summe der Abweichungsquadrate für die Restkomponente Q_3. Diese kann durch Differenzbildung gewonnen werden. Es ist nämlich

$$Q_1 + Q_2 + Q_3 = Q_T$$

woraus Q_3 bestimmt werden kann. Setzt man in diese Beziehung die bekannten Quadratsummen der Abweichungen Q_T, Q_1 und Q_2 ein, so ergibt sich:

$$Q_3 = S_3 - \frac{1}{km} S_2^2 - \left(\frac{1}{k} S_1 - \frac{1}{km} S_2^2\right) - \left(\frac{1}{m} S_4 - \frac{1}{km} S_2^2\right)$$

Durch Vereinfachung ergibt sich hier:

$$\underline{Q_3 = S_3 - \frac{1}{m} S_4 - \left(\frac{1}{k} S_1 - \frac{1}{k\,m} S_2^2\right)} \tag{19}$$

Die entsprechende Anzahl Freiheitsgrade gewinnt man ebenfalls durch

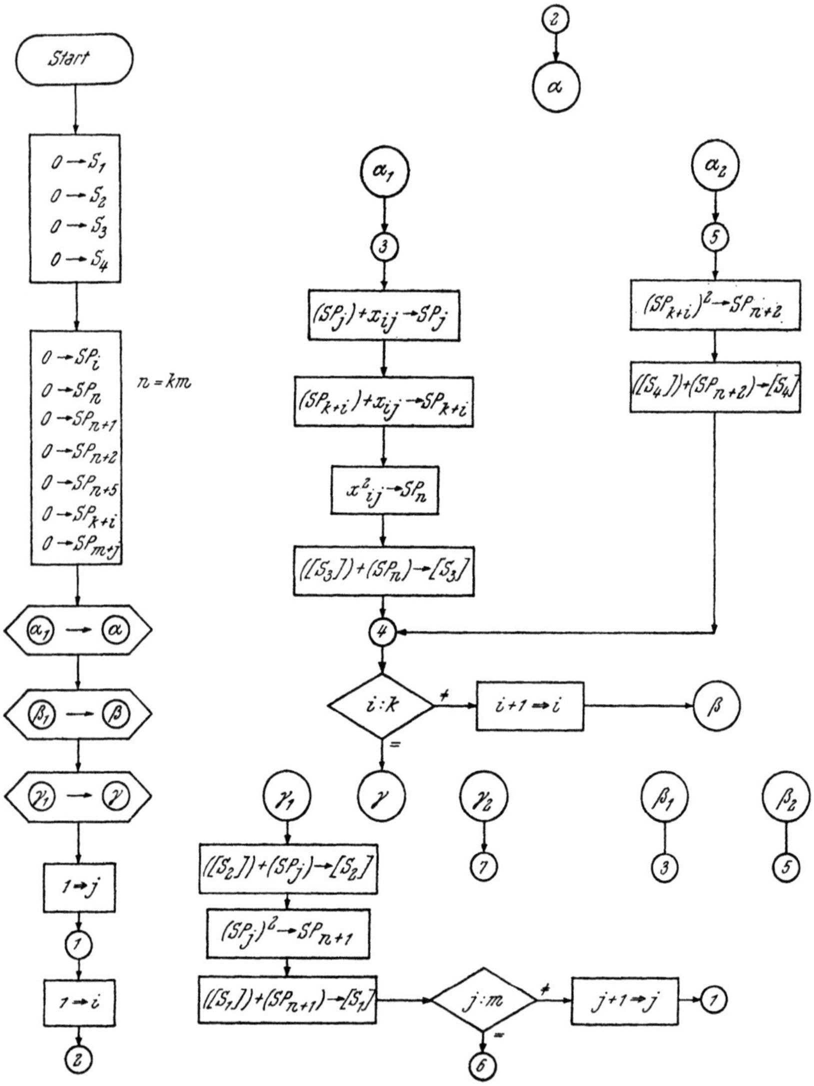

Ablaufdiagramm zufälliger Block-Plan

Differenzbildung, nämlich

$$\underline{F G_3} = (k m - 1) - (m - 1) - (k - 1) = \underline{(m - 1)(k - 1)}$$

Die Auswertung dieser Streuungszerlegungs-Tabelle geschieht wiederum am besten an Hand eines Ablaufdiagramms. Dieses findet sich auf den Seiten 118, 119, wobei wiederum *SP* für Speicherplatz steht. Das Diagramm ist etwas komplizierter als jenes für den vollständigen Zufallsplan, kommen hier doch auch variable Konnektoren vor.

Die Streuungskomponenten (letzte Spalte in der Streuungszerlegungs-Tabelle) können als zusammengesetzte Ausdrücke der Streuung des Ver-

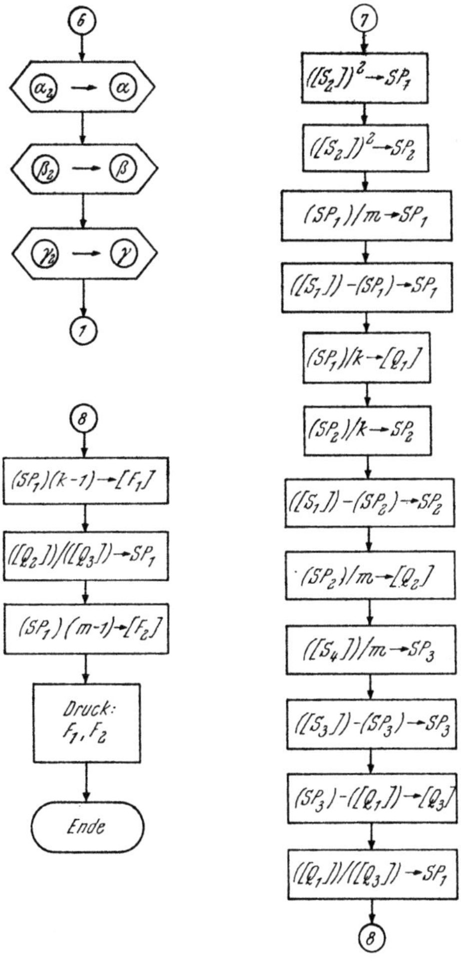

Ablaufdiagramm zufälliger Block-Plan

suchsfehlers und jener der betrachteten Modellparameter (b_j bzw. c_i) gedacht werden. Es können also die folgenden Ausdrücke gesetzt werden:

Streuung zwischen den Behandlungsstufen	$Q_1/m-1 = \sigma_e^2 + k\,\sigma_b^2$
Streuung zwischen Blöcken	$Q_2/k-1 = \sigma_e^2 + m\,\sigma_c^2$
Streuung der Restkomponente	$Q_3/(m-1)\,(k-1) = \sigma_e^2$

wobei die Werte σ_b^2 und σ_c^2 aus diesen Beziehungen geschätzt werden können, nämlich

$$\sigma_b^2 = \frac{1}{k}\left(\frac{Q_1}{m-1} - \frac{Q_3}{(m-1)(k-1)}\right) = \frac{1}{k\,(m-1)\,(k-1)}\,[(k-1)\,Q_1 - Q_3] \tag{20}$$

und

$$\sigma_c^2 = \frac{1}{m}\left(\frac{Q_2}{k-1} - \frac{Q_3}{(m-1)(k-1)}\right) = \frac{1}{m\,(m-1)\,(k-1)}\,[(m-1)\,Q_1 - Q_3] \tag{21}$$

Das gegenseitige Größenverhältnis von σ_b^2 und σ_c^2 läßt Schlüsse darauf zu, ob der Einfluß eines Faktors (Behandlungsstufe, Block) vorherrschend ist.

Eine weitere Möglichkeit, das Ausmaß des Vorherrschens eines der beiden Faktoren zahlenmäßig zu kennzeichnen, besteht darin, die folgende Beziehung auszuwerten:

$$\underline{\omega^2} = \frac{Q_1 - (m-1)\dfrac{Q_3}{(m-1)(k-1)}}{Q_T + \dfrac{Q_3}{(m-1)(k-1)}} = \frac{Q_1 - \dfrac{Q_3}{k-1}}{Q_T + \dfrac{Q_3}{(m-1)(k-1)}} = \frac{\dfrac{(k-1)\,Q_1 - Q_3}{k-1}}{\dfrac{(m-1)(k-1)\,Q_T + Q_3}{(m-1)(k-1)}} = \underline{\frac{(m-1)(k-1)\,Q_1 - Q_3}{(m-1)(k-1)\,Q_T + Q_3}} \tag{22}$$

Der Parameter ω^2 gibt den prozentualen Streuungsanteil der unabhängigen Veränderlichen bezüglich der Streuung der abhängigen Veränderlichen an.

Endlich kann man für diese Streuungszerlegung die Maßzahl F bestimmen, nämlich

$$\underline{F_1} = \frac{(k-1)(m-1)}{m-1} \frac{Q_1}{Q_3} = \underline{(k-1) \frac{Q_1}{Q_3}} \tag{23}$$

und

$$\underline{F_2} = \frac{(k-1)(m-1)}{k-1} \frac{Q_2}{Q_3} = \underline{(m-1) \frac{Q_2}{Q_3}} \tag{24}$$

Diese beiden Parameter sind im Ablaufdiagramm auch ausgewertet worden. Während der Parameter F nur darauf hinweist, ob Einflüsse der Behandlungsstufen bzw. Blöcke bestehen, zeigt der Parameter ω^2 das relative Ausmaß dieser Einflüsse an.

Es ist nun wichtig, feststellen zu können, ob dieser Versuchsplan auch wirksam war. Zu diesem Zwecke wird eine *Maßzahl der Wirksamkeit* bestimmt. Eine solche Maßzahl ist durch die folgende Beziehung gegeben:

$$\underline{W = 100 \frac{(m-1)[(k-1) Q_2 + k Q_3]}{(k m - 1) Q_3}} \tag{25}$$

Wird diese Maßzahl größer als 100, so bedeutet dies, daß der zufällige Block-Plan wirksamer ist als der vollständige Zufallsplan. Ist diese Maßzahl kleiner als 100, so gilt das Umgekehrte. Ist diese Maßzahl aber gleich 100, so sind diese beiden Versuchspläne gleichwertig. Dies geht aus der folgenden Ableitung hervor.

Ist $W = 100$, so heißt dies, daß

$$(m-1)[(k-1) Q_2 + k Q_3] = (k m - 1) Q_3$$
$$(m-1)(k Q_2 - Q_2 + k Q_3) = k m Q_3 - Q_3$$
$$k m Q_2 - m Q_2 + k m Q_3 - k Q_2 + Q_2 - k Q_3 = k m Q_3 - Q_3$$
$$Q_2 (k m - m - k + 1) = Q_3 (k - 1)$$
$$Q_2 (k-1)(m-1) = Q_3 (k-1)$$
$$\underline{Q_2 (m-1) = Q_3}$$

Nun ist aber

$$Q_1 + Q_2 + Q_3 = Q_T$$

Ersetzt man hier Q_3 durch $Q_2 (m-1)$, so ergibt sich

$$Q_1 + Q_2 + (m-1) Q_2 = Q_T$$
$$Q_1 + m Q_2 = Q_T$$
$$m Q_2 = m \left(\frac{1}{m} S_4 - \frac{1}{k m} S_2^2 \right) = \left(S_4 - \frac{1}{k} S_2^2 \right)$$

Dies stellt die gleiche Beziehung dar wie die Summe der Abweichungsquadrate für die Streuung zwischen den Gruppen in der Streuungszerlegungstafel für den vollständigen Zufallsplan (S. 110).

R. A. FISHER (48) hat für die Beziehung (25) noch folgenden Korrekturfaktor eingeführt:

$$f = \frac{(km - k - m + 2)(km - m + 3)}{(km - k - m + 4)(km - m + 1)} \tag{26}$$

Die korrigierte Maßzahl der Wirksamkeit ist dann gleich

$$W' = f\,W \tag{27}$$

d. h. die unkorrigierte Maßzahl ist mit dem Fisherschen Korrekturfaktor zu multiplizieren.

2.1.3. Lateinische, griechisch-lateinische und hyper-griechisch-lateinische Quadrate

Lateinische und griechisch-lateinische Quadrate werden vor allem für landwirtschaftliche Versuche verwendet. Die Bezeichnung lateinisches Quadrat stammt von einem Spiel, das darin bestand, Buchstaben so auf die einzelnen Felder einer ($n \times n$)-Felder-Tafel zu verteilen, daß auf jeder Zeile und in jeder Spalte ein Buchstabe nur einmal vorkommt.

Während es beim zufälligen Block-Plan möglich ist, den Einfluß einer Störgröße durch die Bildung von Blöcken zu verringern und dadurch den Einfluß der Behandlung auf den einzelnen Stufen besser hervortreten zu lassen, ist es beim lateinischen Quadrat möglich, den Einfluß von zwei Störgrößen (in Zeilen- und Spaltenrichtung) einzuschränken.

Ein lateinisches Quadrat ist beispielsweise durch das folgende Schema gegeben.

A	*B*	*C*	*D*
B	*C*	*D*	*A*
C	*D*	*A*	*B*
D	*A*	*B*	*C*

oder auch durch das folgende Quadrat

A	*B*	*C*	*D*
B	*D*	*A*	*C*
C	*A*	*D*	*B*
D	*C*	*B*	*A*

Es sind also verschiedene lateinische Quadrate möglich. Ihre Anzahl läßt sich kombinatorisch ableiten. Bei der praktischen Verwendung solcher lateinischer Quadrate ist unter den möglichen Quadraten eines zufällig auszuwählen. Zusammenstellungen solcher Quadrate finden sich in statistischen Tafelwerken.

Lateinische Quadrate bezeichnet man als *Standard-Quadrate,* wenn die erste Spalte und die erste Zeile alphabetisch oder numerisch geordnet sind. Danach sind die beiden angeführten Quadrate Standard-Quadrate. Ein lateinisches Quadrat bezeichnet man als ein *selbst-konjugiertes Quadrat,* wenn durch Vertauschung von Zeilen und Spalten das gleiche Quadrat erhalten wird. Ein selbst-konjugiertes Quadrat ist beispielsweise das folgende:

A	B	C	D
B	A	D	C
C	D	B	A
D	C	A	B

Von *orthogonalen lateinischen Quadraten* spricht man dann, wenn bei Überlagerung eines lateinischen Quadrates durch ein anderes jedes Zeichen (Buchstabe, Zahl) des ersten Quadrates genau nur einmal in Verbindung mit jedem Zeichen des zweiten Quadrates vorkommt. So entsteht durch Überlagerung der folgenden beiden lateinischen Quadrate

A_1	A_2	A_3	A_4	B_1	B_2	B_3	B_4
A_2	A_1	A_4	A_3	B_3	B_4	B_1	B_2
A_3	A_4	A_1	A_2	B_4	B_3	B_2	B_1
A_4	A_3	A_2	A_1	B_2	B_1	B_4	B_3

ein orthogonales Quadrat, nämlich

A_1B_1	A_2B_2	A_3B_3	A_4B_4
A_2B_3	A_1B_4	A_4B_1	A_3B_2
A_3B_4	A_4B_3	A_1B_2	A_2B_1
A_4B_2	A_3B_1	A_2B_4	A_1B_3

Das einem lateinischen Quadrat zugrunde liegende Modell ist folgendes:

$$\underline{x_{ijsu} = M + a_i + b_j + c_s + R + e_{u\,(ijs)}} \tag{28}$$

Hierin bedeuten M den Mittelwert in der Grundgesamtheit, a_i den Einfluß der Zeile i, der für alle Werte auf der Zeile i der gleiche ist $(\sum_{i=1}^{k} a_i = 0)$,

b_j den Einfluß der Spalte j, der für alle Werte in der Spalte j konstant ist ($\sum_{j=1}^{m=k} b_j = 0$), c_s den Einfluß der Behandlung s, der ebenfalls für alle Werte, die der gleichen Behandlung unterworfen sind, konstant ist ($\sum_{s=1}^{p} c_s = 0$), R alle nicht voraussagbaren Einflüsse in Zeilen- und Spaltenrichtung sowie bezüglich der einzelnen Behandlungen und endlich $e_{u(ijs)}$ den Versuchsfehler, der unabhängig von den anderen Versuchsfehlern und normal verteilt ist mit Mittelwert Null und Streuung σ_e^2. Die gleiche Streuung weist auch R auf, wenn das Mittel aus R gleich Null ist.

Bei diesem Versuchsplan können also beispielsweise die folgenden vier Einflüsse berücksichtigt werden:

Einfluß der Zeilen	a_i	$i = 1, 2, \ldots k$
Einfluß der Spalten	b_j	$j = 1, 2, \ldots m\ (= k)$
Einfluß der Behandlung	c_s	$s = 1, 2, \ldots p$
Einfluß der Beobachtungen je Zelle	x_u	$u = 1, 2, \ldots v$

Gegeben ist nun das folgende lateinische Quadrat ($k = m = 3$):

	B_1	B_2	B_3
A_1	c_3	c_2	c_1
A_2	c_2	c_1	c_3
A_3	c_1	c_3	c_2

Hierin können die Werte c_s der Zelle (s) aus den Teilwerten x_{ijsu} bestehen. Ist $v = 2$, so ergibt sich aus dem angeführten Quadrat das folgende ausführlichere Quadrat:

Matrix 1

	B_1	B_2	B_3
A_1	c_3 x_{1311}, x_{1132}	c_2 x_{1221}, x_{1222}	c_1 x_{1311}, x_{1312}
A_2	c_2 x_{2121}, x_{2122}	c_1 x_{2211}, x_{2212}	c_3 x_{2331}, x_{2332}
A_3	c_1 x_{3111}, x_{3112}	c_3 x_{3231}, x_{3232}	c_2 x_{3321}, x_{3322}

Aus dieser Matrix muß noch eine weitere abgeleitet werden, in welcher bei gleicher (geordneter) Vorspalte die c-Werte in Spaltenrichtung geordnet werden, d. h.

Matrix 2

	c_1	c_2	c_3
A_1	c_1 x_{1311} x_{1312}	c_2 x_{1221} x_{1222}	c_3 x_{1131} x_{1132}
A_2	c_1 x_{2211} x_{2212}	c_2 x_{2121} x_{2122}	c_3 x_{2331} x_{2332}
A_3	c_1 x_{3111} x_{3112}	c_2 x_{3321} x_{3322}	c_3 x_{3231} x_{3232}

Für diesen Versuchsplan ist wiederum die Streuungszerlegung durchzuführen, um den Einfluß der einzelnen Einflußgrößen abschätzen zu können. Bei lateinischen Quadraten kann ganz allgemein zwischen fünf Streuungskomponenten unterschieden werden, nämlich:

- Streuung zwischen den Zeilen des Quadrates,
- Streuung zwischen den Spalten des Quadrates,
- Streuung zwischen den Behandlungen im Quadrat,
- Streuung innerhalb der Zellen des Quadrates,
- Restkomponente.

Die Summe der Abweichungsquadrate für diese Streuungskomponenten lassen sich auf Grund der Ergebnisse des vorher angeführten Versuchsplanes direkt ableiten, ist doch ihre Struktur grundsätzlich stets die gleiche, wobei nur die Summationen sich ändern.

Die Summe der Abweichungsquadrate für die *Streuungskomponente zwischen den Zeilen* beruht auf der Matrix 1 und ist durch den folgenden Ausdruck gekennzeichnet:

$$S_Z = \sum_{i=1}^{k} \frac{\left(\sum_{j=1}^{m=k} \sum_{u=1}^{v} x_{ijsu}\right)^2}{v\,k} - \frac{\left(\sum_{i=1}^{m=k} \sum_{j=1}^{k} \sum_{u=1}^{v} x_{ijsu}\right)^2}{v\,k^2} \tag{29}$$

Führt man die folgenden Bezeichnungen ein:

$$S_{i(ju)^2} = \sum_{i=1}^{k} \frac{\left(\sum_{j=1}^{m=k} \sum_{u=1}^{v} x_{ijsu}\right)^2}{v\,k}$$

und

$$S_{iju} = \sum_{i=1}^{k} \sum_{j=1}^{m=k} \sum_{u=1}^{v} x_{ijsu}$$

so geht die Beziehung (29) in den folgenden Ausdruck über:

$$\underline{S_Z = \frac{1}{v\,k}\left(S_{i(ju)^2} - \frac{1}{k}\,S_{iju}^2\right)} \tag{30}$$

Die *Streuungskomponente zwischen den Spalten* nach Matrix 1 ist durch die folgende Summe der Abweichungsquadrate gekennzeichnet:

$$S_S = \sum_{j=1}^{m=k} \frac{\left(\sum\limits_{i=1}^{k} \sum\limits_{u=1}^{v} x_{ijsu}\right)^2}{v\,k} - \frac{\left(\sum\limits_{i=1}^{k} \sum\limits_{j=1}^{m=k} \sum\limits_{u=1}^{v} x_{ijsu}\right)^2}{v\,k^2} \tag{31}$$

Setzt man hier

$$S_{j(iu)^2} = \sum_{j=1}^{m=k} \frac{\left(\sum\limits_{i=1}^{k} \sum\limits_{u=1}^{v} x_{ijsu}\right)^2}{v\,k}$$

so geht die Beziehung (31) in die folgende Formel über:

$$\underline{\underline{S_S = \frac{1}{v\,k}\left(S_{j(iu)^2} - \frac{1}{k}\,S^2_{iju}\right)}} \tag{32}$$

Für die Summe der Abweichungsquadrate der Streuungskomponente *zwischen den Behandlungen* ist Matrix 2 maßgeblich. Der entsprechende Ausdruck lautet:

$$S_B = \sum_{s=1}^{p} \frac{\left(\sum\limits_{i=1}^{k} \sum\limits_{u=1}^{v} x_{ijsu}\right)^2}{v\,k} - \frac{\left(\sum\limits_{i=1}^{k} \sum\limits_{j=1}^{m=k} \sum\limits_{u=1}^{v} x_{ijsu}\right)^2}{v\,k^2} \tag{33}$$

Hier soll der folgende Ausdruck eingeführt werden:

$$S_{s(iu)^2} = \sum_{s=1}^{p} \frac{\left(\sum\limits_{i=1}^{k} \sum\limits_{u=1}^{v} x_{ijsu}\right)^2}{v\,k}$$

Für diese Summe der Abweichungsquadrate folgt also aus Beziehung (33) die folgende Formel:

$$\underline{\underline{S_B = \frac{1}{v\,k}\left(S_{s(iu)^2} - \frac{1}{k}\,S^2_{iju}\right)}} \tag{34}$$

Für diesen Versuchsplan ist zusätzlich noch die *Streuungskomponente nach Zellen* zu bestimmen, d. h. die entsprechende Summe der Abweichungsquadrate gemäß Matrix 1 zu berechnen.

$$S_{Zl} = \sum_{i=1}^{k} \sum_{j=1}^{m=k} \sum_{u=1}^{v} x^2_{ijsu} - \frac{1}{v} \sum_{i=1}^{k} \sum_{j=1}^{m=k} x^2_{ijs} \tag{35}$$

Es werden die folgenden Bezeichnungen eingeführt:

$$S_{(iju)^2} = \sum_{i=1}^{k} \sum_{j=1}^{m=k} \sum_{u=1}^{v} x_{ijsu}^2$$

und

$$S_v^2 = \sum_{i=1}^{k} \sum_{j=1}^{m=k} x_{ijs}^2$$

Somit ergibt sich die folgende Beziehung:

$$\underline{S_{Zl} = S_{(iju)^2} - \frac{1}{v} S_v^2} \tag{36}$$

Die Summe der Abweichungsquadrate für die *Gesamtstreuung* ist bekanntlich:

$$\underline{S_T = S_{(iju)^2} - \frac{1}{v\,k^2} S_{iju}^2} \tag{37}$$

Die Summe der Abweichungsquadrate für die *Restkomponente* errechnet sich aus der Differenz zwischen den Summen der Abweichungsquadrate der Gesamtstreuung und den übrigen Komponenten (zwischen den Zeilen, zwischen den Spalten, zwischen den Behandlungen und innerhalb der Zellen). Es ergibt sich somit die folgende Formel:

$$\begin{aligned} S_R &= S_T - S_Z - S_S - S_B - S_{Zl} = \\ &= S_{(iju)^2} - \frac{1}{v\,k^2} S_{iju}^2 - \frac{1}{v\,k} S_{i(ju)^2} + \frac{1}{v\,k^2} S_{iju}^2 - \frac{1}{v\,k} S_{j(iu)^2} + \\ &\qquad + \frac{1}{v\,k^2} S_{iju}^2 - \frac{1}{v\,k} S_{s(iu)^2} + \frac{1}{v\,k^2} S_{iju}^2 - S_{(iju)^2} + \frac{1}{v} S_v^2 = \\ &= \frac{1}{v} S_v^2 - \frac{1}{v\,k} \left(S_{i(ju)^2} + S_{j(iu)^2} + S_{s(iu)^2}\right) + 2\,\frac{1}{v\,k^2} S_{iju}^2 = \\ &= \underline{\frac{1}{v}\left[S_v^2 - \frac{1}{k}\left(S_{i(ju)^2} + S_{j(iu)^2} + S_{s(iu)^2} + \frac{2}{k} S_{iju}^2\right)\right]} \end{aligned} \tag{38}$$

Die entsprechenden Freiheitsgrade sind:

Streuung zwischen den Zeilen	$k-1$
Streuung zwischen den Spalten	$m-1=k-1$
Streuung zwischen den Behandlungen	$k-1$
Streuung innerhalb der Zellen	$k^2\,(v-1)$
Restkomponente	$(k-1)\,(k-2)$
Gesamtstreuung	$v\,k^2-1$

Die Anzahl der Freiheitsgrade für die Restkomponente bestimmt sich ebenfalls durch Differenzbildung:

$$F G_R = (v k^2 - 1) - 3 (k - 1) - k^2 (v - 1) = (k - 1) (k - 2)$$

Nun kann die Tabelle der Streuungszerlegung aufgestellt werden:

Streuungsursache	Freiheitsgrade	Summe der Abweichungsquadrate	Streuung
Zwischen den Zeilen (Matrix 1)	$k-1$	S_Z (Formel 30)	$S_Z / k-1$
Zwischen den Spalten (Matrix 1)	$k-1$	S_S (Formel 32)	$S_S / k-1$
Zwischen Behandlungen (Matrix 2)	$k-1$	S_B (Formel 34)	$S_B / k-1$
Innerhalb Zellen (Matrix 1)	$k^2 (v-1)$	S_{Z1} (Formel 36)	$S_{Zl} / k^2 (v-1)$
Restkomponente	$(k-1)(k-2)$	S_R (Formel 38)	$S_R / (k-1)(k-2)$
Zusammen	$v k^2 - 1$	S_T (Formel 37)	.

Auf Grund der so gewonnenen Streuungen lassen sich die Maßzahlen F bestimmen, nämlich:

$$\underline{F_1} = \frac{S_Z/k-1}{S_{Zl}/k^2(v-1)} = \frac{k^2(v-1)}{k-1}\,\frac{S_Z}{S_{Zl}} = \underline{\frac{v-1}{k-1}\,\frac{k\,S_{i(ju)^2} - S^2_{iju}}{v\,S_{(iju)^2} - S^2_v}} \qquad (39)$$

$$\underline{F_2} = \frac{S_S/k-1}{S_{Zl}/k^2(v-1)} = \underline{\frac{v-1}{k-1}\,\frac{k\,S_{j(iu)^2} - S^2_{iju}}{v\,S_{(iju)^2} - S^2_v}} \qquad (40)$$

$$\underline{F_3} = \frac{S_B/k-1}{S_{Zl}/k^2(v-1)} = \underline{\frac{v-1}{k-1}\,\frac{k\,S_{s(iu)^2} - S^2_{iju}}{v\,S_{(iju)^2} - S^2_v}} \qquad (41)$$

$$\underline{F_4} = \frac{S_R/(k-1)(k-2)}{S_{Zl}/k^2(v-1)} =$$

$$= \underline{\frac{k(v-1)}{(k-1)(k-2)}\,\frac{k\,S^2_v - (S_{i(ju)^2} + S_{j(iu)^2} + S_{s(iu)^2} - 2\,v\,S^2_{iju})}{v\,S_{(iju)^2} - S^2_v}} \qquad (42)$$

Oft hat man es mit einfachen lateinischen Quadraten zu tun, nämlich mit solchen, für welche $w = 1$ ist, d. h. für welche es nur einen Beobachtungswert je Zelle gibt. Die relative Wirksamkeit für einen solchen vereinfachten Versuchsplan ist bezüglich des vollständigen Zufallsplanes durch das Verhältnis der Werte

$$\frac{(\mathrm{Var})_{Z,\, w=1} + (\mathrm{Var})_{S,\, w=1} + (p-1)\,(\mathrm{Var})_{R,\, w=1}}{(p+1)\,(\mathrm{Var})_{R,\, w=1}}$$

wo $(\mathrm{Var})_{Z, w=1}$ bzw. $(\mathrm{Var})_{S, w=1}$ bzw. $(\mathrm{Var})_{R, w=1}$ die Streuungen bezüglich der Zeilen bzw. Spalten bzw. der Restkomponente bei $w=1$ bezeichnen, und der Streuung $(\mathrm{Var})_{R, w=1}$, d. h. also

$$W = 100\,\frac{(\mathrm{Var})_{Z,\, w=1} + (\mathrm{Var})_{S,\, w=1} + (p-1)\,(\mathrm{Var})_{R,\, w=1}}{(p+1)\,(\mathrm{Var})_{R,\, w=1}} \tag{43}$$

In diesem Falle ist bei der Bestimmung der Streuungszerlegungstafel zu beachten, daß die Zellen nur einen Wert enthalten ($w=1$).

Die *relative Wirksamkeit bezüglich des zufälligen Block-Planes* ist durch das folgende Verhältnis gegeben:

$$W = 100\,\frac{(\mathrm{Var})_{s,\, w=1} + (p+1)\,(\mathrm{Var})_{R,\, w=1}}{p\,(\mathrm{Var})_{R,\, w=1}} \tag{44}$$

Diese Beziehungen vernachlässigen den Einfluß ungleicher Freiheitsgrade. Auch hier weisen relative Wirksamkeiten, die größer sind als 100, darauf hin, daß das lateinische Quadrat wirksamer ist. Berücksichtigt man noch die ungleichen Freiheitsgrade, so ist die Beziehung (43) mit dem Faktor

$$f_1 = \frac{(p-1)\,(p-2)+1}{(p-1)\,(p-2)+3}\;\frac{p\,(p-1)+3}{p\,(p-1)+1} \tag{45}$$

und die Beziehung (44) mit dem Faktor

$$f_2 = \frac{(p-1)\,(p-2)+1}{(p-1)\,(p-2)+3}\;\frac{(p-1)^2+3}{(p-1)^2+1} \tag{46}$$

zu multiplizieren.

Der Rechengang soll nun wiederum auf Grund eines Ablaufdiagramms veranschaulicht werden. Dieses hat gegenüber einem Zahlenbeispiel den Vorteil, daß es allgemein gültig ist und in jedem Falle und für jedes Beispiel verwendet werden kann, während es beim Zahlenbeispiel dem Rechner überlassen wird, den Rechengang auf ein anderes Beispiel zu übertragen. Dabei soll nun eine andere Darstellungstechnik angewendet werden, nämlich die der Unterpläne. Diese Technik hat den Vorteil, daß das Ablaufdiagramm übersichtlicher ist. Das Ablaufdiagramm findet sich auf den Seiten 130 bis 133.

Will man noch einen weiteren Störeinfluß ausschalten, so sind *griechisch-lateinische Quadrate* zu bilden. Solche Quadrate können als Überlagerungen zweier orthogonaler lateinischer Quadrate entstanden gedacht werden, wobei das eine Quadrat lateinische und das andere Quadrat griechische Buchstaben enthält. Ein solches griechisch-lateinisches Quadrat ist beispielsweise das folgende:

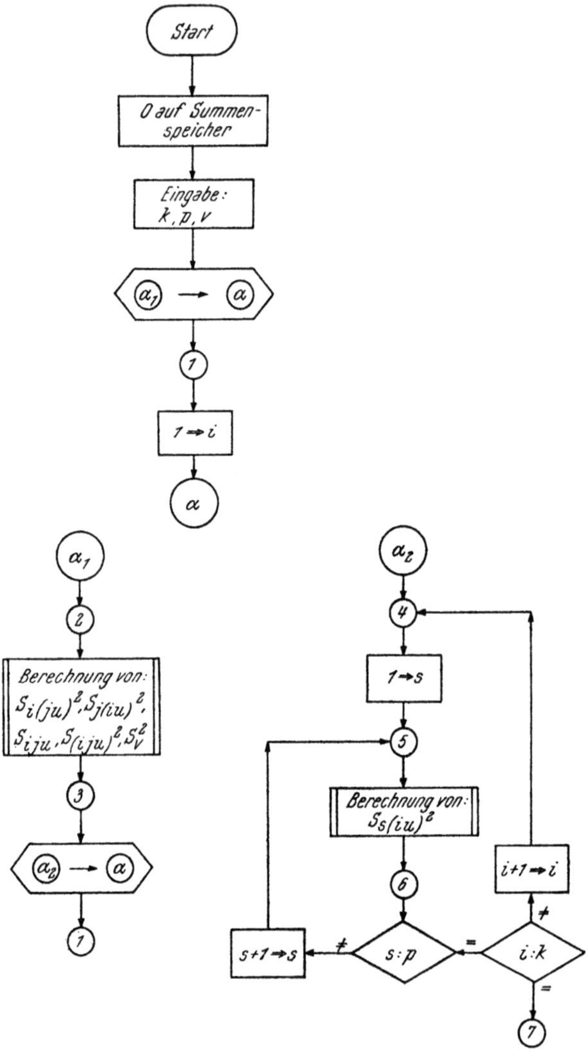

Ablaufdiagramm Lateinisches Quadrat

$A\ \alpha$	$B\ \beta$	$C\ \gamma$
$B\ \gamma$	$C\ \alpha$	$A\ \beta$
$C\ \beta$	$A\ \gamma$	$B\ \alpha$

Wird nun ein griechisch-lateinisches Quadrat durch ein weiteres orthogonales lateinisches Quadrat überlagert, so entsteht ein *hyper-griechisch-lateinisches Quadrat*. Dabei ist allerdings die Anzahl der orthogonalen lateinischen Quadrate, die durch Überlagerung hyper-griechisch-lateinische Quadrate bilden können, beschränkt. So können beispielsweise nicht mehr als 3 orthogonale 4×4 lateinische Quadrate und 4 orthogonale lateinische Quadrate der Größe 5×5 überlagert werden.

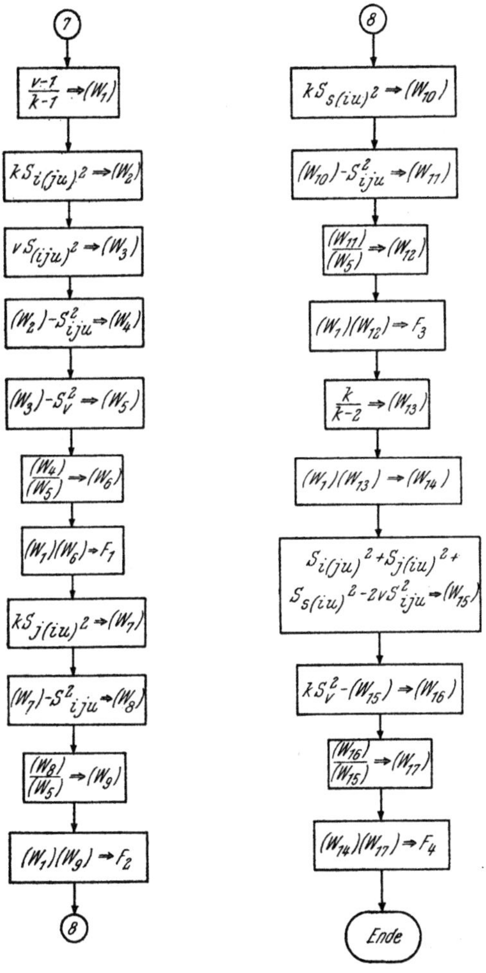

Ablaufdiagramm Lateinisches Quadrat

2.2. Unvollständige Block-Pläne

2.2.1. Allgemeines

Bei unvollständigen Block-Plänen werden verschiedene Behandlungsstufen bei einer Behandlung im Versuch betrachtet, welche Blöcken bestimmter Größe zugeordnet werden. Sie wurden durch YATES (62) im Jahre 1936 eingeführt. Diese Versuchspläne haben sich vor allem bei landwirtschaftlichen Versuchen bewährt. Auf dem Gebiete der Sozial-

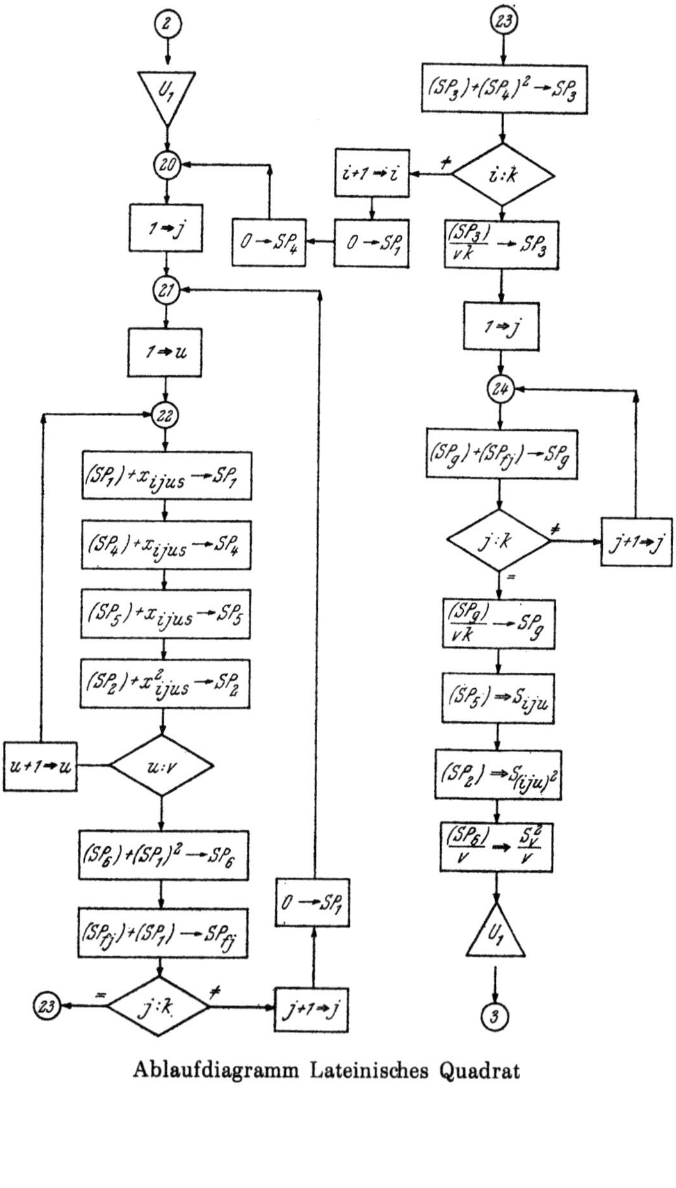

Ablaufdiagramm Lateinisches Quadrat

wissenschaften hingegen sind sie bis jetzt noch nicht in größerem Maße eingesetzt worden. Aus diesem Grunde dürfte sich eine eingehendere Besprechung in diesem Rahmen erübrigen. Gleichwohl soll aber die Struktur dieses Versuchsplanes darzustellen versucht werden. Die Gründe, weshalb dieser Versuchsplan bis jetzt noch keinen Eingang in die Sozialwissenschaften gefunden hat, liegen weniger darin, daß er den Sozialwissenschaftern nicht bekannt ist, sondern eher darin, daß er schwierig zu planen ist und daß er dem Untersuchungsverfahren in der Sozialwissenschaft

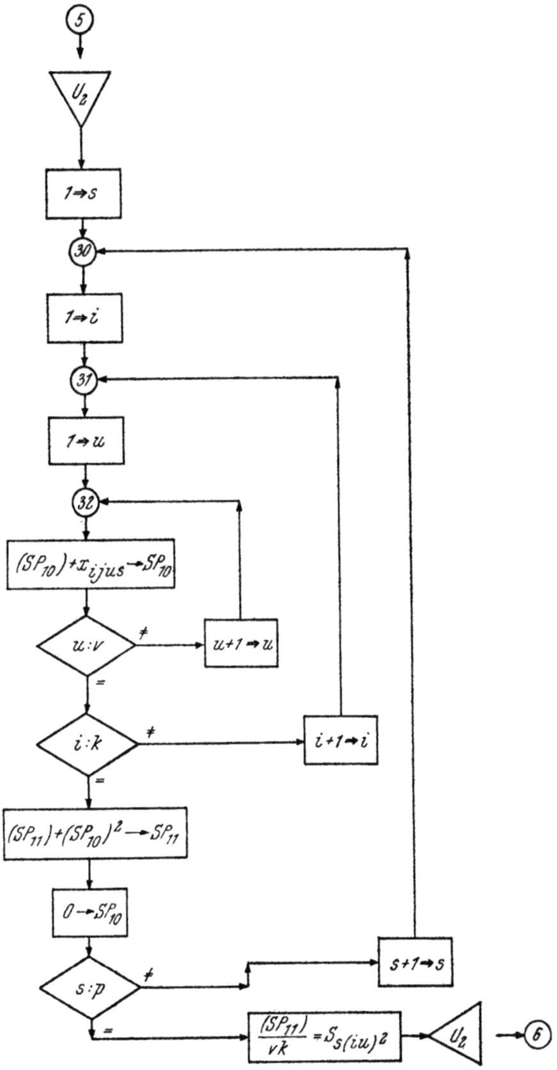

Ablaufdiagramm Lateinisches Quadrat

nicht ganz entspricht. So sind die Versuche in den Sozialwissenschaften durch eine verhältnismäßig große Zahl unabhängiger Variablen bei verhältnismäßig wenig Behandlungsstufen je Variable gekennzeichnet. Unvollständige Block-Pläne sind aber eher für Untersuchungen geeignet, bei welchen eine eher kleine Zahl unabhängiger Variablen berücksichtigt wird, diese aber einer Mehrzahl Behandlungsstufen unterworfen sind.

Bei einem vollständigen Block-Plan erscheinen in den einzelnen Blöcken alle Behandlungsstufen; bei unvollständigen Block-Plänen trifft dies nicht zu. Die Bezeichnung unvollständige Blöcke rührt daher, daß eine Anzahl Behandlungsstufen t einer Anzahl Blöcke k derart zugeordnet werden, daß $k < t$ ist. Dies soll an einem Schema mit 7 Blöcken und 7 Behandlungsstufen dargestellt werden.

Schema 1

Blöcke	Spalten						
	1	2	3	4	5	6	7
1	E_1	E_2	E_4	E_3	E_7	E_5	E_6
2	E_2	E_3	E_5	E_1	E_4	E_6	E_7
3	E_3	E_4	E_6	E_2	E_1	E_7	E_5
4	E_4	E_5	E_7	E_6	E_2	E_1	E_3
5	E_5	E_6	E_1	E_7	E_3	E_4	E_2
6	E_6	E_7	E_2	E_4	E_5	E_3	E_1
7	E_7	E_1	E_3	E_5	E_6	E_2	E_4

Dieses Schema stellt einen vollständigen Block-Plan, nämlich ein lateinisches Quadrat, dar. Hier sind die Blöcke vollständig, denn in jedem Block kommen alle 7 Behandlungsstufen vor. Dieser Plan geht in einen unvollständigen Block-Plan über, wenn beispielsweise die Spalten 4 bis 7 weggelassen werden. Dadurch können nicht mehr alle Behandlungsstufen je Block vorkommen, denn diese sind nicht mehr vollständig. Das angeführte Schema geht dann in das Schema eines unvollständigen Block-Planes über.

Schema 2

Blöcke	Spalten		
	1	2	3
1	E_1	E_2	E_4
2	E_2	E_3	E_5
3	E_3	E_4	E_6
4	E_4	E_5	E_7
5	E_5	E_6	E_1
6	E_6	E_7	E_2
7	E_7	E_1	E_3

Dieses Schema kann übersichtlicher dargestellt werden, indem man für jede Behandlungsstufe eine Spalte einführt.

Schema 3

Blöcke	Behandlungsstufen 1	2	3	4	5	6	7
1	E_1	E_2		E_4			
2		E_2	E_3		E_5		
3			E_3	E_4		E_6	
4				E_4	E_5		E_7
5	E_1				E_5	E_6	
6		E_2				E_6	E_7
7	E_1		E_3				E_7

Das Modell eines unvollständigen Block-Planes kann durch die folgende lineare Beziehung dargestellt werden.

$$\underline{x_{ij} = M + B_i + T_j + e_{ij}} \tag{47}$$

M stellt hier wiederum das Mittel in der Grundgesamtheit, B_i den Einfluß des Blockes i, T_j den Einfluß der Behandlung j, die für alle Elemente innerhalb der Behandlungsgesamtheit j konstant ist, und e_{ij} den Versuchsfehler dar. Für den Einfluß der Behandlung und den Versuchsfehler wird angenommen, daß sie normal verteilt sind mit Mittelwert 0 und Streuung σ_b^2 bzw. σ_e^2.

2.2.2. Ausgewogene unvollständige Block-Pläne

Es soll angenommen werden, daß insgesamt t Behandlungsstufen im Versuch vorgesehen sind. Die Anzahl der Blöcke sei b, und die Anzahl der Behandlungsstufen je Block sei mit k bezeichnet. Die Anzahl der Wiederholungen einer jeden Behandlungsstufe sei r, und λ sei die Häufigkeit der gleichzeitigen Durchführung einer Behandlungsstufe innerhalb eines Blockes.

Das angeführte Schema 2 eines ausgewogenen unvollständigen Block-Planes soll uns bei der Erklärung dieses Planes behilflich sein. Die Anzahl der Blöcke stellt sich folglich auf $b = 7$, die der Behandlungsstufen auf $t = 7$. Je Block treten $k = 3$ Elemente auf, die in zufälliger Anordnung den einzelnen Behandlungsstufen unterworfen sind. Die einzelnen Behandlungsstufen erscheinen dabei als Indizes des Buchstaben E (Element). Die Häufigkeit der gleichzeitigen Durchführung einer Behandlungsstufe innerhalb eines Blocks ist hier $\lambda = 1$. Im angeführten Schema ist die Anzahl der Wiederholungen einer jeden Behandlungsstufe $r = 3$, weil jede Behandlungsstufe dreimal vorkommt, so z. B. die Behandlungsstufe 1 für erste Spalte und erster Block, dritte Spalte und fünfter Block und zweite Spalte und siebenter Block, oder die Behandlungsstufe 2 für zweite Spalte und erster Block, erste Spalte und zweiter Block sowie dritte Spalte und sechster Block.

Die Gesamtzahl der Beobachtungsergebnisse N ist durch die folgende Beziehung gegeben:

$$N = b\,k = r\,t \tag{48}$$

Im vorliegenden Falle ist also $N = 5 \cdot 3 = 3 \cdot 5 = 15$.

Ein ausgewogener unvollständiger Block-Plan ist nun durch die folgende Beziehung gekennzeichnet:

$$\lambda\,(t-1) = r\,(k-1) \tag{49}$$

wobei t, b, k, r und λ ganze Zahlen sein müssen. Das oben angeführte Schema stellt nun einen ausgewogenen unvollständigen Block-Plan dar. Der folgende Plan wäre aber nicht mehr ausgewogen.

Schema 4

Blöcke	Spalten		
	1	2	3
1	E_1	E_2	E_4
2	E_2	E_3	E_5
3	E_3	E_4	E_1
4	E_4	E_5	E_2
5	E_5	E_1	E_3

Es ist hier nämlich $t = 5$, $b = 5$, $k = 3$, $r = 3$, $\lambda = 1$ und folglich $1\,(5-1) \neq 3\,(3-1)$.

Nach Beziehung (48) muß $b\,k = t\,r$ sein. Daraus läßt sich b bestimmen, das gleich $(t\,r)/k$ ist. Damit es sich aber um einen ausgewogenen unvollständigen Block-Plan handelt, muß zusätzlich noch die Beziehung (49) gelten. Daraus läßt sich nun die kleinste Anzahl Blöcke b für einen ausgewogenen unvollständigen Block-Plan bestimmen, wenn die anderen Größen (λ, t und k) gegeben sind. Aus der Beziehung (49) wird r bestimmt und in die Beziehung (48) eingesetzt. Dies ergibt

$$b\,k = \lambda\,t\,\frac{t-1}{k-1}.$$

Daraus läßt sich beispielsweise b ermitteln:

$$b_{\min} = \lambda\,\frac{t}{k}\,\frac{t-1}{k-1} \tag{50}$$

Für das angeführte Beispiel wird

$$b_{\min} = 7$$

d. h. es müssen mindestens 7 Blöcke für einen ausgewogenen unvollständigen Block-Plan mit 7 Behandlungsstufen und 3 Behandlungsstufen je Block vorgesehen werden.

Weiter ist die Wirksamkeit eines ausgewogenen unvollständigen Block-Versuchs, verglichen mit einem vollständigen Block-Versuch, durch die Beziehung (51) gegeben:

$$W = 100 \frac{t(k-1)}{k(t-1)} \tag{51}$$

Dies stellt allerdings den Minimalwert der Wirksamkeit dar, denn die unvollständigen Blöcke sind in der Regel homogener als vollständige Blöcke, was die Wirksamkeit erhöht. Im vorliegenden Falle bestimmt sich diese Wirksamkeit zu rund 78 %.

2.2.2.1. Youden-Quadrat

Im Jahre 1940 führte der Statistiker YOUDEN (63) einen Versuchsplan ein, der eine Verbindung zwischen einem ausgewogenen unvollständigen Block-Plan und einem lateinischen Quadrat darstellt. Dieser Plan kann auch als ein unvollständiges lateinisches Quadrat aufgefaßt werden. Grundsätzlich kann nämlich ein Youden-Quadrat als ein lateinisches Quadrat bezeichnet werden, in welchem einige Spalten fehlen. Dieser Plan ermöglicht es, Störeinflüsse aus Blöcken und Spalten herauszuheben. Das folgende Schema zeigt den Aufbau eines Youden-Quadrates.

Schema 5

Blöcke	Spalten 1	Spalten 2	Spalten 3
1	E_1' E_1''	E_3' E_1''	E_2' E_1''
2	E_3' E_2''	E_2' E_2''	E_4' E_2''
3	E_4' E_3''	E_1' E_3''	E_3' E_3''
4	E_2' E_4''	E_4' E_4''	E_1' E_4''

Das zugrunde liegende lateinische Quadrat hat folgenden Inhalt:

E_1'	E_3'	E_2'	E_4'
E_3'	E_2'	E_4'	E_1'
E_4'	E_1'	E_3'	E_2'
E_2'	E_4'	E_1'	E_3'

wobei die letzte Spalte weggelassen worden ist. Schema 5 stellt also einen Versuch dar, bei welchem die Anzahl der Behandlungsstufen $t = 4$, die

Anzahl der Blöcke $b = 4$, die Anzahl der Wiederholungen einer jeden Behandlungsstufe $r = 3$ ist, wie aus dem folgenden Schema 6 ersichtlich ist, die Anzahl der Spalten $k = 3$ und die Häufigkeit der gleichzeitigen Durchführung einer Behandlungsstufe innerhalb eines Blockes $\lambda = 2$ sind.

Schema 6

Blöcke	Behandlungsstufen 1	2	3	4
1	E_1' E_1''	E_2' E_1''	E_3' E_1''	
2		E_2' E_2''	E_3' E_2''	E_4' E_2''
3	E_1' E_3''		E_3' E_3''	E_4' E_3''
4	E_1' E_4''	E_2' E_4''		E_4' E_4''

2.2.3. Partiell ausgewogene unvollständige Block-Pläne

Diese Versuchsplan-Art wurde im Jahre 1939 von Bose und Nair (42) und im Jahre 1947 von Rao (60) entwickelt. Bekanntlich ist ein ausgewogener unvollständiger Block-Plan an die Bedingung geknüpft, daß $\lambda(t-1) = r(k-1)$ ist, d. h. zwischen der Anzahl der Behandlungsstufen

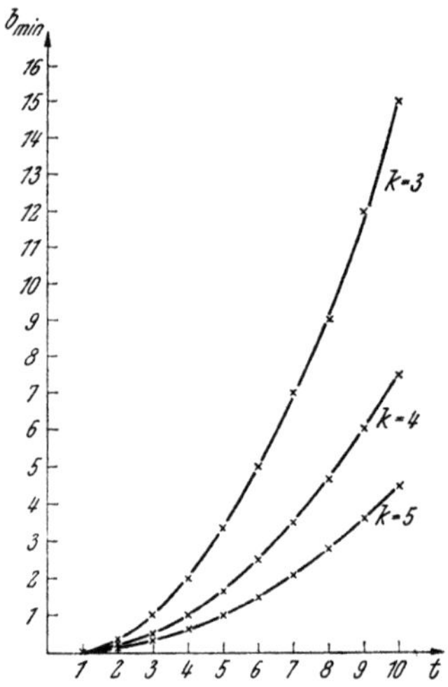

Abb. 7. $b_{\min} = \frac{t}{k}\,\frac{t-1}{k-1}$

(t), jener der Elemente in einem Block (k), jener der Wiederholungen einer jeden Behandlungsstufe (r) sowie der Häufigkeit der gleichzeitigen Durchführung einer Behandlungsstufe innerhalb eines Blockes (λ) muß ein bestimmtes ausgewogenes Verhältnis bestehen. Bei einer großen Zahl von Behandlungsstufen muß also zwangsläufig die Anzahl der Elemente je Block oder aber die Anzahl der Wiederholungen einer jeden Behandlungsstufe wachsen. Hinzu kommt noch, daß nach der Beziehung (50) bei einem ausgewogenen unvollständigen Block-Plan die Mindestzahl der Blöcke mit zunehmender Anzahl Behandlungsstufen quadratisch zunimmt. Durch eine Vergrößerung der Blöcke kann diese Zunahme zwar etwas abgeschwächt werden (vgl. Abb. 7). Es ist also ohne Mühe ersichtlich, daß die Anzahl der Blöcke oder andrerseits ihre Größe mit zunehmender Anzahl der Behandlungsstufen unerträglich groß werden. Aus diesem Grunde wurden Versuchspläne entwickelt, welchen dieser Nachteil nicht anhaftet. Es wurde deshalb ein Plan eingeführt, bei welchem nicht mehr gefordert wurde, daß die Beziehungen (49) und (50) erfüllt sein müssen. Bei diesem Plan handelt es sich um den *partiell ausgewogenen unvollständigen Block-Plan.* Hier erscheinen nur einzelne Paare der Behandlungsstufen innerhalb eines Blockes häufiger als andere.

Einen solchen partiell ausgewogenen unvollständigen Block-Plan stellt beispielsweise das folgende Schema dar ($t = 10$, $b = 5$, $r = 2$, $k = 4$, $\lambda = 1$):

Schema 7

Blöcke	Behandlungsstufen 1	2	3	4
1	E_1	E_2	E_3	E_4
2	E_2	E_6	E_8	E_7
3	E_1	E_5	E_6	E_9
4	E_4	E_7	E_9	E_{10}
5	E_3	E_6	E_8	E_{10}

Hier treten beispielsweise die Elemente E_1 in der ersten Spalte, E_6 in der zweiten Spalte, E_8 in der dritten Spalte und E_{10} in der letzten Spalte mehrmals (zweimal) auf. Das Element E_1 beispielsweise kommt also nicht nur innerhalb des Blockes 1, sondern auch noch innerhalb des Blockes 3 vor usw. Es ist hier also $\lambda\,(t-1) = 9$ und $r\,(k-1) = 6$, also ungleich. Diese Versuchspläne können nun nicht nach besonderen Regeln abgeleitet werden, was einen Nachteil für ihre Verwendung darstellt.

2.2.4. Gitter-Pläne

Gitter-Pläne sind angezeigt, wenn die Anzahl der Behandlungsstufen 16 übersteigt. Sie werden zweckmäßigerweise aus lateinischen Quadraten aufgebaut. Dies soll an einem Beispiel aufgezeigt werden. Gegeben sind die beiden folgenden lateinischen Quadrate (vgl. S. 123).

Blöcke	Spalten							
	1. Quadrat				2. Quadrat			
	1	2	3	4	1	2	3	4
1	A_1	A_2	A_3	A_4	B_1	B_2	B_3	B_4
2	A_2	A_1	A_4	A_3	B_3	B_4	B_1	B_2
3	A_3	A_4	A_1	A_2	B_4	B_3	B_2	B_1
4	A_4	A_3	A_2	A_1	B_2	B_1	B_4	B_3

Durch Überlagerung dieser beiden Quadrate entsteht bekanntlich ein orthogonales lateinisches Quadrat. Die Zeilen dieser beiden Quadrate stellen Blöcke dar. Auf Grund dieser zwei lateinischen Quadrate können nun die folgenden *Wiederholungen* konstruiert werden. Hierbei können die 16 Felder oder Zellen des Quadrates nach folgendem Schema mit Zahlen bezeichnet werden:

1	2	3	4
5	6	7	8
9	10	11	12
13	14	15	16

Eine erste Wiederholung ergibt sich, wenn dieses Schema zugrunde gelegt wird.

1. Wiederholung:

Blöcke	Spalten			
	1	2	3	4
1	1	2	3	4
2	5	6	7	8
3	9	10	11	12
4	13	14	15	16

Eine zweite Wiederholung entsteht dadurch, daß man hier Zeilen und Spalten vertauscht.

2. Wiederholung:

Blöcke	Spalten			
	1	2	3	4
5	1	5	9	13
6	2	6	10	14
7	3	7	11	15
8	4	8	12	16

Eine dritte Wiederholung geht aus dem angeführten ersten lateinischen Quadrat hervor, indem der erste Block die Zellennummer für das Zeichen A_1, der zweite Block jene für das Zeichen A_2 usw. enthält.

3. Wiederholung:

Blöcke	Spalten 1	2	3	4	
9	1	6	11	16	(Zeichen A_1)
10	2	5	12	15	(Zeichen A_2)
11	3	8	9	14	(Zeichen A_3)
12	4	7	10	13	(Zeichen A_4)

Verfährt man mit dem zweiten lateinischen Quadrat in gleicher Weise, so ergibt sich die vierte Wiederholung.

4. Wiederholung:

Blöcke	Spalten 1	2	3	4	
13	1	7	12	14	(Zeichen B_1)
14	2	8	11	13	(Zeichen B_2)
15	3	5	10	16	(Zeichen B_3)
16	4	6	9	15	(Zeichen B_4)

Es ergibt sich somit der folgende Gitter-Plan:

1. Wiederholung:

Blöcke 1	2	3	4
1	5	9	13
2	6	10	14
3	7	11	15
4	8	12	16

2. Wiederholung:

Blöcke 5	6	7	8
1	2	3	4
5	6	7	8
9	10	11	12
13	14	15	16

3. Wiederholung:

Blöcke			
9	10	11	12
1	2	3	4
6	5	8	7
11	12	9	10
16	15	14	13

4. Wiederholung:

Blöcke			
13	14	15	16
1	2	3	4
7	8	5	6
12	11	10	9
14	13	16	15

In diesem Versuch sind die Anzahl der Behandlungsstufen $t = 16$ und die Anzahl der Elemente je Block $k = 4$. Die Anzahl der Wiederholungen bezeichnet man mit r. Ist nun

$$\underline{r < k + 1} \tag{52}$$

so spricht man von einem *nicht-ausgewogenen Gitter-Plan.* Dies trifft im vorliegenden Falle zu, denn es ist $k + 1 = 5$ und $r = 4$. Der entsprechende *ausgewogene Gitter-Plan* umfaßt also die folgenden 5 Wiederholungen.

1. Wiederholung:

Blöcke			
1	2	3	4
1	5	9	13
2	6	10	14
3	7	11	15
4	8	12	16

2. Wiederholung:

Blöcke			
5	6	7	8
1	2	3	4
5	6	7	8
9	10	11	12
13	14	15	16

(Umstellung Zeilen—Spalten)

3. Wiederholung:

Blöcke			
9	10	11	12
1	5	9	13
6	2	14	10
11	15	3	7
16	12	8	4

4. Wiederholung:

Blöcke			
13	14	15	16
1	13	5	9
14	2	10	6
7	11	3	15
12	8	16	4

5. Wiederholung:

Blöcke			
17	18	19	20
1	9	13	5
10	2	6	14
15	7	3	11
8	16	12	4

Dieser Plan ist durch die folgenden Parameter gekennzeichnet:

Anzahl Behandlungsstufen	$t = 16$	
Anzahl Elemente je Block	$k = 4$	
Anzahl Wiederholungen	$r = 5$	
Anzahl Blöcke	$b = 20$	$(= k\,r)$

Für einen ausgewogenen Gitter-Plan gilt also die Beziehung

$$\underline{r = k + 1.} \tag{52 a}$$

Man unterscheidet weiter *n-dimensionale Gitter-Pläne.* Von einem zweidimensionalen Gitter-Plan spricht man, wenn $t = k^2$ ist, d. h. wenn die Anzahl Behandlungsstufen gleich dem Quadrat der Anzahl Elemente je Block ist. Ein dreidimensionaler Gitter-Plan liegt dann vor, wenn $t = k^3$ ist. Ganz allgemein wird ein n-dimensionaler Gitter-Plan durch die Beziehung

$$\underline{t = k^n} \tag{53}$$

gekennzeichnet. Damit ein zweidimensionaler Gitter-Plan ausgewogen ist, sind $(k + 1)$ Wiederholungen notwendig, damit ein dreidimensionaler Gitter-Plan ausgewogen ist, benötigt man $(k^2 + k + 1)$ Wiederholungen und bei einem ausgewogenen vierdimensionalen Gitter-Plan $(k^3 + k^2 + k + 1)$ Wiederholungen.

Je nachdem, ob den Zuteilungen von Behandlungsstufen zu den Elementen Restriktionen auferlegt werden, spricht man von *Gitter-Plänen mit einer, zwei, drei usw., ganz allgemein s Restriktionen.* Ein nichtausgewogener Gitter-Plan, der eine Restriktion enthält, zweidimensional ist und 2 Wiederholungen hat, wird auch als *doppelter Gitter-Plan* oder auch *einfacher Gitter-Plan* bezeichnet. Von einem *rechteckigen Gitter-Plan* spricht man, wenn der Plan eine Beschränkung aufweist, zweidimensional ist und wenn den Blöcken der Größe k insgesamt $t = k\,(k + 1)$ Behandlungsstufen zugeteilt werden. Solche rechteckigen Gitter-Pläne wurden von HARSHBERGER (51), (52), (53) eingeführt.

2.3. Faktorielle Versuchspläne

2.3.1. Faktorielle Pläne bei vollständigem Zufalls-Versuch

Faktorielle Versuchspläne scheinen für sozialwissenschaftliche Untersuchungen ziemlich beliebt zu sein. Sie ermöglichen es, gleichzeitig mehrere Behandlungen (Faktoren) in einem Versuch zu prüfen. Es wird hier allgemein angenommen, daß aus einer Grundgesamtheit eine Anzahl m von Stichproben entnommen worden ist. Jede Stichprobe umfaßt n Elemente, so daß die Gesamtzahl der betrachteten Elemente mn ist. Diese m Stichproben werden nun zufällig einer vorgegebenen Anzahl Faktoren unterworfen. Sind beispielsweise 2 Faktoren vorgesehen, von welchen der erste p Werte und der zweite q Werte aufweist, so ergeben sich $p\,q = m$ mögliche Zuordnungen der einzelnen Stichproben. Bei 3 Faktoren ist der erste durch p Werte, der zweite durch q Werte und der dritte durch r Werte gekennzeichnet; es gilt dann die Beziehung $p\,q\,r = m$. Der Stichprobenumfang muß selbstverständlich mindestens ein Element umfassen. Das allgemeine Schema eines solchen faktoriellen Versuchsplanes bei vollständigem Zufalls-Plan kann folgendermaßen gekennzeichnet werden.

Schema 8

Faktoren	Faktoren 1	2	3	4
1	S_{11}	S_{12}	S_{13}	S_{14}
2	S_{21}	S_{22}	S_{23}	S_{24}
3	S_{31}	S_{32}	S_{33}	S_{34}

Hier sind $p = 3$ und $q = 4$ Faktorenwerte, was insgesamt $m = 12$ Stichproben S_{ij} $(i = 1, 2, \ldots p,\ j = 1, 2, \ldots q)$ bedingt. Diese 12 Stichproben sind zufällig auf die einzelnen Kombinationen von Faktorenwerten verteilt. Jede dieser Stichproben S_{ij} umfaßt voraussetzungsgemäß n Elemente.

Für diesen Versuchsplan wird nun wiederum die Streuungszerlegungs-Tabelle erstellt, wobei der Einfachheit halber $p = 2$ und $q = 3$ angenommen wird. Weiter sei $n = 4$ gesetzt, d. h. jede Stichprobe umfaßt 4 Elemente. Werden die einzelnen Faktorenwerte mit a_i und b_j bezeichnet, so kann die folgende Übersicht erstellt werden, wobei die einzelnen Kombinationen von Faktorenwerten mit römischen Zahlen gekennzeichnet sind.

Schema 9

I	II	III	IV	V	VI
$a_1 b_1$	$a_1 b_2$	$a_1 b_3$	$a_2 b_1$	$a_2 b_2$	$a_2 b_3$
E_{111}	E_{121}	E_{131}	E_{211}	E_{221}	E_{231}
E_{112}	E_{122}	E_{132}	E_{212}	E_{222}	E_{232}
E_{113}	E_{123}	E_{133}	E_{213}	E_{223}	E_{233}
E_{114}	E_{124}	E_{134}	E_{214}	E_{224}	E_{234}

Hier bezeichnen E_{111}, E_{121} usw. die einzelnen Elemente in den Stichproben. Für die rechnerische Auswertung dürfte eine andere Darstellung zweckmäßiger sein. Wiederum ist hier einfachheitshalber $p = 2$, $q = 3$ und $n = 4$ angenommen worden.

Schema 10

	a_1	a_2
b_{11}	E_{111}	E_{211}
b_{12}	E_{112}	E_{212}
b_{13}	E_{113}	E_{213}
b_{14}	E_{114}	E_{214}
b_{21}	E_{121}	E_{221}
b_{22}	E_{122}	E_{222}
b_{23}	E_{123}	E_{223}
b_{24}	E_{124}	E_{224}
b_{31}	E_{131}	E_{231}
b_{32}	E_{132}	E_{232}
b_{33}	E_{133}	E_{233}
b_{34}	E_{134}	E_{234}

Das allgemeine Element ist E_{ijs}, wo $i = 1, 2, \ldots p$, $j = 1, 2, \ldots q$ und $s = 1, 2, \ldots n$ sind. Insgesamt ergeben sich $n p q$ Elemente.

Die Gesamtstreuung kann in 4 Komponenten gegliedert werden, nämlich nach dem Einfluß der Faktoren a_i, nach jenem der Faktoren b_j, nach dem kombinierten Einfluß von $a_i b_j$ und endlich nach dem Einfluß innerhalb der Zellen (ij). Die *Gesamtstreuung,* dargestellt durch die Summe der Abweichungsquadrate, ist wiederum durch die folgende Beziehung gegeben:

$$\underline{S_T = S_{(ijs)^2} - \frac{1}{nqp} S_{ijs}} \tag{54}$$

wo

$$S_{(ijs)^2} = \sum_{i=1}^{p} \sum_{j=1}^{q} \sum_{s=1}^{n} x_{ijs}^2 \quad \text{und} \quad S_{ijs} = \sum_{i=1}^{p} \sum_{j=1}^{q} \sum_{s=1}^{n} x_{ijs}$$

sind. Hier bezeichnet x_{ijs} den Wert des Elementes E_{ijs}.

Die Summe der Abweichungsquadrate für den *Streuungsanteil bezüglich der Faktoren* a_i ist durch die folgende Formel gegeben, die in gleicher Weise abgeleitet werden kann, wie die Streuungskomponenten bei den früher angegebenen Versuchsplänen.

$$\underline{S_A = \frac{1}{nq} \left(S_{i(js)^2} - \frac{1}{p} S_{ijs} \right)} \tag{55}$$

wo

$$S_{i(js)^2} = \sum_{i=1}^{p} \left(\sum_{j=1}^{q} \sum_{s=1}^{n} x_{ijs} \right)^2$$

Die Summe der Abweichungsquadrate für die *Streuungskomponente zwischen den Faktoren* b_j ist in entsprechender Weise durch die folgende Beziehung gegeben:

$$\underline{S_B = \frac{1}{np} \left(S_{j(is)^2} - \frac{1}{q} S_{ijs} \right)} \tag{56}$$

wo

$$S_{j(is)^2} = \sum_{j=1}^{q} \left(\sum_{i=1}^{p} \sum_{s=1}^{n} x_{ijs} \right)^2$$

Die *Streuungskomponente für den kombinierten Einfluß von* a_i *und* b_j ist durch die folgende Summe der Abweichungsquadrate gekennzeichnet:

$$S_{AB} = \frac{1}{n} S_{ij(s)^2} - \frac{1}{nq} S_{i(js)^2} - \frac{1}{np} S_{j(is)^2} + \frac{1}{npq} S_{ijs}$$

oder auch

$$S_{AB} = \frac{1}{n}\left(S_{ij\,(s)^2} - \frac{1}{q}\,S_{i\,(js)^2} - \frac{1}{p}\,S_{j\,(is)^2} + \frac{1}{pq}\,S_{ijs}\right) \tag{57}$$

wo

$$S_{ij\,(s)^2} = \sum_{i=1}^{p}\sum_{j=1}^{q}\Big(\sum_{s=1}^{n} x_{ijs}\Big)^2.$$

Die Summe der Abweichungsquadrate der *Streuungskomponente innerhalb der Zellen* läßt sich durch Differenzbildung bestimmen. Es ist nämlich:

$$S_Z = S_T - (S_A + S_B + S_{AB})$$

oder

$$S_Z = S_{(ijs)^2} - \frac{1}{n}\,S_{ij\,(s)^2} \tag{58}$$

Nun kann die Streuungszerlegungs-Tabelle aufgestellt werden.

Streuungsursache	Freiheitsgrade	Summe der Abweichungsquadrate	Streuungskomponente
Infolge a_i	$p-1$	S_A (Formel 55)	$S_A/(p-1)$
Infolge b_j	$q-1$	S_B (Formel 56)	$S_B/(q-1)$
Infolge $a_i b_j$	$(p-1)(q-1)$	S_{AB} (Formel 57)	$S_{AB}/(p-1)(q-1)$
Innerhalb der Zellen	$pq(n-1)$	S_Z (Formel 58)	$S_Z/pq(n-1)$
Insgesamt	$npq-1$	S_T (Formel 54)	—

Auch die Freiheitsgrade der Streuungskomponente innerhalb der Zellen lassen sich durch Differenzbildung bestimmen.

$$FG_Z = npq - 1 - (p-1) - (q-1) - (p-1)(q-1) = pq(n-1)$$

Wiederum lassen sich die Parameter F bestimmen. Es ist nämlich:

$$F_1 = \frac{S_A/(p-1)}{S_Z/pq(n-1)} = \frac{pq(n-1)}{p-1}\,\frac{S_A}{S_Z} \tag{59}$$

$$F_2 = \frac{S_B/(q-1)}{S_Z/pq(n-1)} = \frac{pq(n-1)}{q-1}\,\frac{S_B}{S_Z} \tag{60}$$

$$F_3 = \frac{S_{AB}/(p-1)(q-1)}{S_Z/pq(n-1)} = \frac{pq(n-1)}{(p-1)(q-1)}\,\frac{S_{AB}}{S_Z} \tag{61}$$

Der Rechengang soll auch hier nicht durch ein Zahlenbeispiel, sondern durch die allgemeinere Form des folgenden Auflaufdiagramms veranschaulicht werden.

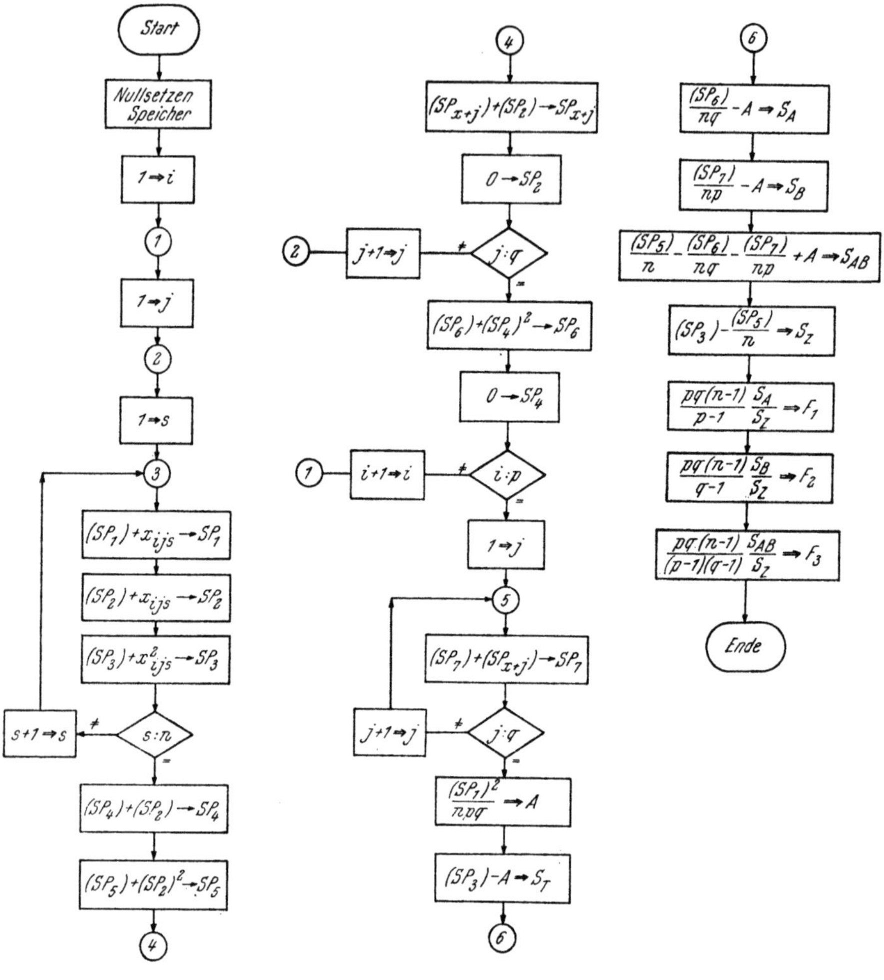

Ablaufdiagramm für faktoriellen Plan bei vollständigem Zufalls-Versuch

Sind die Stichproben in den einzelnen Zellen ungleich groß, so muß das angegebene Verfahren etwas modifiziert werden. In diesem Falle ist der Stichprobenumfang n nicht konstant, sondern von Zelle zu Zelle verschieden. Es muß deshalb ein veränderliches n_{ij} in die Rechnung eingesetzt werden.

2.3.2. Versuchspläne mit Teile-Spaltung

Bei diesen Versuchsplänen wird eine möglichst große Homogenität innerhalb der Blöcke angestrebt. Dabei ist es sehr oft schwierig, genügend homogene Elemente zu finden, die zu einem Block zusammengefaßt werden können. Die Nicht-Homogenität der Elemente ist eher die Regel als die Ausnahme. Diese Schwierigkeit wird für umfangreiche Versuche noch größer, da in solchen Fällen eine große Zahl von Elementen je Block erforderlich ist. Wiederholte Beobachtungen für ein und dasselbe Element, um dadurch eine höhere Anzahl Elemente je Block zu simulieren, stellt hier keine befriedigende Lösung dar, denn solchen Wiederholungen sind Grenzen gesetzt.

Eine Teillösung dieses Problems vermitteln *Versuchspläne mit Teile-Spaltungen (split-plot designs).* Beim zufälligen Block-Plan werden bekanntlich die Blöcke so gebildet, daß die Streuung zwischen den Elementen innerhalb der Blöcke kleiner ist als die Streuung zwischen den Blökken. Dieses Prinzip wird nun im Versuchsplan mit Teile-Spaltung erweitert. Bei einem faktoriellen Plan mit vollständigen Zufalls-Versuchen bestehen pq verschiedene Stichproben mit den Umfängen n, wobei jede einer anderen Behandlungskombination unterworfen ist, gemäß dem folgenden Schema (für $p = 3$ und $q = 4$):

Schema 11

	B_1	B_2	B_3	B_4
A_1	S_1	S_2	S_3	S_4
A_2	S_5	S_6	S_7	S_8
A_3	S_9	S_{10}	S_{11}	S_{12}

(S_1, S_2 usw. bezeichnen die Stichproben, die der Behandlungskombination $A_i B_j$ unterworfen werden).

Ein faktorieller Versuchsplan mit zufälligen Blöcken hingegen ist dadurch gekennzeichnet, daß bei stets der gleichen Stichprobe S alle pq Behandlungskombinationen durchgeführt werden. Das folgende Schema soll diesen Sachverhalt veranschaulichen ($p = 3$, $q = 4$).

Schema 12

	B_1	B_2	B_3	B_4
A_1	S	S	S	S
A_2	S	S	S	S
A_3	S	S	S	S

Ein Split-Plot-Plan andrerseits kann durch das folgende Schema 13 gekennzeichnet werden ($p = 3$, $q = 4$).

Schema 13

	B_1	B_2	B_3	B_4
A_1	S_1	S_1	S_1	S_1
A_2	S_2	S_2	S_2	S_2
A_3	S_3	S_3	S_3	S_3

Hier sind soviele Stichproben gegeben wie A-Faktoren. Innerhalb eines A-Faktors aber erfährt die gleiche Stichprobe alle Behandlungen. Diese Art von Versuchsplan wird auch als gemischter Versuchsplan bezeichnet [Lindquist (56)].

2.3.3. Vermischte faktorielle Versuchspläne

Bei den Versuchsplänen mit Teile-Spaltungen werden die einzelnen Behandlungsstufen mit den Block-Einflüssen vermischt. Bei den vermischten faktoriellen Versuchsplänen werden einzelne Beeinflussungen mit Block-Einflüssen vermischt. Dies hat den Vorteil, daß Beeinflussungen, die nur geringen Einfluß ausüben, vernachlässigt werden können. Dadurch kann die Blockgröße verringert werden, ohne daß sich dadurch ein wesentlicher Fehler einstellen wird.

Als Grundlage dient hier ein lateinisches Quadrat, beispielsweise der Größe 3×3. Die einzelnen Felder oder Zellen des Quadrates stellen die verschiedenen Behandlungskombinationen dar, die nach den Prinzipien der lateinischen Quadrate den einzelnen Feldern zugeordnet sind. Die Zeilen stellen die Blöcke dar. Die einzelnen Stichproben werden nun derart den einzelnen Tabellenfeldern zugeordnet, daß innerhalb eines Blockes die gleiche Stichprobe den verschiedenen Behandlungskombinationen unterzogen wird. Dies geht aus dem folgenden Schema 14 hervor (3×3 lateinisches Quadrat).

Schema 14

Block 1	11	32	23
	S_1	S_1	S_1
Block 2	22	13	31
	S_2	S_2	S_2
Block 3	21	12	33
	S_3	S_3	S_3

In diesem Versuchsplan erfährt jede der 3 Stichproben jede Behandlungsstufe der beiden Behandlungen, gekennzeichnet durch die Stelle in der zahlenmäßigen Bezeichnung. So bezeichnet die Zahl 13 die Kombination der ersten Behandlungsstufe der ersten Behandlung und der dritten Behandlungsstufe der zweiten Behandlung.

2.3.4. Fraktionierte faktorielle Versuchspläne

Während bei den faktoriellen Versuchsplänen alle Behandlungskombinationen im Versuch vorkommen, weisen die fraktionierten faktoriellen Versuchspläne nur einen Teil (Fraktion) dieser Kombinationen auf. Treten in einem Versuch beispielsweise 5 Behandlungen auf, von welchen jede 4 Behandlungsstufen aufweist, so ergeben sich daraus $4^5 = 1024$ Behandlungskombinationen. Angesichts dieser hohen Anzahl von Kombinationen empfiehlt es sich hier, nur einen Teil dieser Kombinationen zu verwenden, also z. B. $^1/_8$ aller Kombinationen, d. h. also 128 Kombinationen. Dadurch entsteht ein fraktionierter faktorieller Versuchsplan.

Die Entwicklung dieser Versuchspläne ist noch verhältnismäßig jung. Finney (46) hat im Jahre 1945 eine Theorie der 2^k- und 3^k-Pläne entwickelt. Kempthorne (54) hat diese Theorie dann im Jahre 1947 auf den Fall p^k verallgemeinert, wo p eine Primzahl und k die Anzahl Behandlungen darstellen. Fraktionierte faktorielle Versuchspläne sind vor allem in der industriellen Statistik eingesetzt worden, während sie auf dem Gebiete der Landwirtschaft weniger verwendet werden.

Die fraktionierten faktoriellen Versuchspläne haben viel Gemeinsames mit den vermischten faktoriellen Plänen. Während bei den vermischten faktoriellen Versuchsplänen die Verringerung der Behandlungskombinationen, die in einem Block vorkommen, angestrebt wird, geht es beim fraktionierten faktoriellen Versuchsplan darum, dieses Prinzip auf den ganzen Versuch zu verallgemeinern. Allerdings ist dies mit Nachteilen verbunden, indem es manchmal schwierig wird, die Rechenergebnisse richtig zu interpretieren.

3. Bedeutung der Versuchspläne

Obwohl die Bedeutung der Versuchspläne zuerst und vorwiegend in der landwirtschaftlichen Statistik bemerkt wurde, wo sie auch einer systematischen Untersuchung unterzogen worden sind, kann nicht übersehen werden, daß diese Pläne, von welchen einige in knapper Darstellung in ihren Grundzügen beschrieben worden sind, auch in anderen Anwendungsgebieten der Statistik sehr nützlich sein können. Dies betrifft vor allem die industrielle Statistik und den Einsatz statistischer Methoden in der Marktforschung. Bis jetzt sind vor allem in der Marktforschung praktisch keine Versuche unternommen worden, sich des wirkungsvollen Mittels der

Versuchsplanung zu bedienen. Auch gibt es wenig statistische Lehrbücher für Volks- und Betriebswirtschafter, die auf die Versuchsplanung hinweisen.

Die Darstellung dieser Versuchspläne erschöpft sich nun nicht in einer bloßen Beschreibung, sondern sie muß über die Streuungszerlegung oder Varianzanalyse bis zur Auswertung der Streuungszerlegungsresultate durch statistische Tests weitergezogen werden. Dieses Gebiet der Statistik soll den Gegenstand eines weiteren Buches bilden. Die Stichprobentheorie, die im ersten Teil dieses Buches behandelt worden ist, findet also ihre Ergänzung in der Darstellung der Versuchspläne. Diese wiederum weisen weiter auf die statistische Testtheorie.

Wenn hier ausschließlich von der Varianzanalyse die Rede war, so soll nicht versäumt werden, auf ein anderes Hilfsmittel der Statistik hinzuweisen, nämlich auf die *Kovarianzanalyse*. Diese beruht grundsätzlich auf der Regressionsanalyse (lineare und nichtlineare) und stellt eine Verbindung zwischen Regressionsanalyse und Varianzanalyse dar. Versuchspläne dienen bekanntlich dazu, durch experimentelle Kontrolle (durch bestimmte Anordnung der Versuche) die durch Störeinflüsse bedingte Streuung der Versuchsergebnisse zu verringern, so daß möglichst unverfälschte Ergebnisse aus einer bestimmten Behandlung gewonnen werden. Ein anderer Weg, um dieses Ziel zu erreichen, besteht darin, den Versuch statistisch (also nicht nur experimentell) zu kontrollieren, um auf diesem Wege Störungen auszuschalten, die durch die experimentelle Kontrolle nicht erfaßt worden sind. Diese statistische Kontrolle wird nun durch die Kovarianzanalyse erreicht.

Die Kovarianzanalyse ergänzt somit die Versuchsplanung. Anders ausgedrückt kann man sagen, daß bekannte Störfaktoren, die quantitativ meßbar sind, durch die Kovarianzanalyse ausgeschaltet werden können, während bekannte, aber nicht meßbare Störeinflüsse durch Blockbildung in Versuchsplänen (experimentelle Kontrolle) erfaßt werden können. Es verbleibt noch der Fall, daß die Störeinflüsse unbekannt sind. Dieser Fall wird durch zufällige Zuteilung der Versuchsobjekte zu bestimmten Behandlungen in Versuchsplänen gelöst.

Table of Gaussian Deviates

4600	.156	.628–	1.997–	.390	1.448	.380–	1.661	1.346–	.125–	.208–
4601	.135	1.828–	.011–	1.210	.166	.612–	.350–	1.032	1.302–	1.016
4602	.331	.450	1.245	1.215–	.752–	1.674–	.869	.274–	.308–	1.538
4603	.312	1.415–	.781	1.583–	.623	.753	.574	.151	.186	1.772
4604	1.099–	.800–	.129–	.837	.709	.474–	1.090–	.548–	.567–	.874
4605	.616	1.040–	1.236	.471	2.077	.386	.677	.647	.325	1.476
4606	1.071	.901	1.981–	.850	.228–	1.168	.859–	1.196	.165	1.835–
4607	1.216	1.581	.296	.877–	.434	.029	1.458–	.051	.507	1.358
4608	.342–	.888–	1.459	1.012	.121	1.270–	.079	.873–	.504–	.316
4609	.963–	1.392	1.291	1.204–	.718–	1.016	.811–	1.297–	.805–	.131–
4610	.246	2.077	.803–	1.979	1.424–	.450–	.104	1.775–	.423–	.694
4611	1.776–	.188	1.627–	.253	.895–	1.870–	.863–	1.181	.704–	1.097–
4612	.454–	.268–	.549–	.240–	.718	.258	.356	.456	.183–	.768
4613	.048	.117–	1.639	.347	.042	2.453	.098	.254–	1.177–	.703–
4614	.290	.226–	.248–	1.005–	2.010–	.567–	.378	.493–	.289	.644–
4615	.817–	1.771–	1.835	1.977–	1.541–	.687	.892–	.402–	1.272	.376–
4616	.671–	.950	.871	.188–	.286–	1.450	.238–	.524	1.263	.348
4617	.765	.559–	.713–	.842–	1.950–	1.452–	1.495–	1.159	.945	.596–
4618	1.242	.231	.129	.471–	.439–	.827–	.542–	2.239–	.148–	.047–
4619	2.417–	.909	1.219	1.058	.610–	1.531–	.082–	.452–	.635	.184–
4620	.618	.629–	.486	.568–	.764	.455–	1.982	.216	1.168–	.988–
4621	.243–	1.434–	1.317	1.623–	1.035–	1.406	.273	.982–	1.081	1.075
4622	1.167–	.641–	.931	1.454–	.642–	.528	.131	.268	.783–	.014–
4623	.368	.799	.270–	.939–	.417	.396	1.075	.438–	.434	.288
4624	.685	1.254	1.660–	.335	.810	.198–	2.397–	.576–	1.849	.856
4625	.144	.002–	1.044–	1.241	1.230–	.879	.019–	.327–	.128	1.114
4626	1.199	1.685–	.197–	2.598	1.659–	1.001	.517	.216–	.890	1.087
4627	.967–	1.876–	.936	1.292	.870	1.975	1.237–	.214	.056	1.046–
4628	1.268	.264	2.957	.615	.103	.064	1.851	.765–	.637	1.431–
4629	.286–	.840–	.417–	1.043	.942	.582	.471–	.148–	.136–	.155–
4630	1.333–	.910	1.079	.983	.672–	1.979	.607	.840	.609–	.196–
4631	.357	.336	.192	.248	.804–	.210–	.446	.324–	1.205	2.020–
4632	1.404	2.523	.721	1.676–	.031	1.020	.192–	.341–	1.344	.501
4633	.037	.158	.305	.463	1.078–	1.967–	1.214	1.095	.622–	.080
4634	.114	.009–	.585	.594	.733	.418	.324–	.979	1.916–	.200–
4635	.082–	.228–	.817–	.011–	.400–	1.252–	.730–	1.033	.289–	1.138–
4636	.396–	.989	.879–	.968–	1.006	1.300	.583–	.448–	.503–	.473–
4637	1.791–	2.803	.379–	.014–	.407	.690–	.006–	1.400–	1.867–	.364
4638	.167–	.658–	.604	.321–	.145	.563–	.258–	.472	1.260–	.974
4639	1.119–	.215	.572	.095–	1.323–	.084–	.436	.751	.491	.330
4640	1.000–	.232	.923	.740	.978–	.280–	1.147	.040–	.715–	.330–
4641	.437	.112–	.916–	.804	.506–	.922–	.990	.361	.203–	1.881
4642	.274	1.744	.828	1.285–	1.077	.624–	.368	.839	.748	1.344–
4643	.583–	.524	.317	1.447–	.221	.520–	.611	.885	.383	.381–
4644	.171	.589–	.218	.061–	.380	2.458	.539–	1.389–	.054	2.202
4645	1.079–	.466–	.808	.389	.157–	1.845–	1.180	.396–	.718	1.336
4646	2.716–	.021	.999–	1.176	.120	.315–	.358–	1.529	.393–	1.954
4647	.452–	1.115–	.557	.608–	1.512	.730–	.219	1.683	1.057–	.518–
4648	.958–	.868–	.294–	.458	.922–	.285	1.299–	1.078	.936	1.536–
4649	.836–	.767–	.635–	.492–	2.075	.030–	.299–	.099	.160	.393

Aus: The RAND Corporation: A Million Random Digits with 100 000 Normal Deviates. (The Free Press, Publishers, Glencoe, Illinois, 1955.) Mit freundlicher Erlaubnis der RAND Corporation.

Table of Random Digits

11500	88473	86062	26357	01678	05270	80406	62301	23293	85734	32590
11501	00677	42981	84552	44832	67946	61532	79109	32073	13354	78578
11502	25227	51260	14800	19101	03146	12068	18261	06193	45909	65339
11503	15386	68200	21492	71402	76801	35235	49676	75306	52969	77447
11504	42021	40308	91104	34789	93269	77750	51646	95883	27282	26277
11505	63058	06498	49339	33314	49597	95931	44854	67348	91633	79473
11506	32548	69104	89073	32037	14556	70568	58821	37003	04390	86496
11507	03521	52177	24816	01706	79363	84378	70843	02090	85945	64113
11508	39975	90626	35889	82962	93759	92582	20979	57479	65739	11110
11509	58252	56687	60412	05060	95974	50183	88659	76568	45373	54231
11510	56440	69169	05929	57516	85127	74159	53295	29028	07409	28140
11511	16812	18195	88209	39856	03187	05605	43348	65589	51283	68224
11512	56503	14023	69475	37217	11465	15872	05551	37231	68175	18132
11513	96508	90101	11990	61199	75399	78214	84891	01376	05039	43632
11514	68958	56862	60433	07784	37721	96521	58412	13941	63969	45395
11515	21721	12583	44793	12071	83645	44062	86684	80890	09153	60050
11516	01476	19255	58656	26401	27356	38443	55210	51493	89832	07578
11517	45924	27655	27730	78321	45402	46568	64052	39819	74960	60944
11518	79516	79027	96227	72473	21231	68748	90204	92330	16216	09483
11519	59946	54123	38645	56734	87427	38049	88471	07421	53080	28515
11520	89056	71858	84058	44154	47929	94196	90847	40905	39151	12029
11521	07056	34611	45456	68268	31718	09715	80414	64095	24464	52799
11522	66189	04099	16595	30601	31691	38657	59600	24443	47978	35730
11523	85281	53288	58972	51531	02406	72117	85547	27445	79581	61608
11524	34761	22435	75006	61261	48628	62840	62633	34982	79051	76314
11525	45549	16045	96353	80376	64802	46062	39519	08688	18254	09915
11526	29337	45746	00844	79084	45838	22246	11095	05209	05113	83895
11527	44509	72387	39414	01011	46568	25718	92591	00174	38633	52966
11528	15068	41200	32705	47327	64665	50395	97110	31292	02965	37147
11529	59253	23492	55166	76780	33945	90298	39736	62674	00787	98482
11530	17140	07016	53376	07582	06899	32503	24412	29650	97759	02905
11531	87048	20624	23285	78268	13122	78242	40515	18454	97122	29628
11532	90254	79631	05936	68057	22760	38809	29233	81372	49252	28497
11533	66090	41296	19263	10253	33878	80280	33407	44464	23229	60740
11534	54672	30805	03962	93237	40900	90912	20746	63914	65456	32138
11535	99080	08088	99211	80001	88691	58425	52324	11449	18830	45387
11536	22859	21563	17374	20731	42124	17219	99392	63681	20452	19714
11537	65013	58031	22092	79881	34695	01615	28233	68809	35091	82223
11538	87296	05362	99779	54816	80032	94335	71581	72691	84058	39495
11539	61336	19425	24404	74091	19730	39832	49166	84284	01851	29579
11540	93134	41529	85992	45493	68165	02129	73658	54280	20281	12449
11541	80388	28010	93018	21552	32608	88409	63041	77051	93107	68856
11542	80214	71603	52837	90272	52141	58642	93933	25183	30994	54332
11543	74165	63881	71261	69394	29194	25046	23948	13048	57594	58886
11544	31361	68333	55171	96461	20694	31275	88884	71366	13054	03764
11545	48570	53579	64703	97498	67888	07817	34223	61667	43474	29179
11546	97894	36631	14389	59041	32600	08865	69364	99415	81194	82304
11547	77563	53771	54527	83456	23914	57808	67250	93991	91474	96012
11548	39903	34555	47585	70546	15704	61087	81728	03972	80652	22179
11549	83877	07815	14813	40666	43906	85802	42125	07164	13057	83161

Literaturverzeichnis

Stichprobentheorie

(1) BILLETER, ERNST P.: Das Problem der Nichtbeantwortung bei Stichprobenerhebungen (Mitteilungsblatt für Mathematische Statistik, jetzt Metrika, 3. Jg., 1951, S. 93–102).

(2) BILLETER, ERNST P.: Optimum Design in Mixed Sampling Plans (Revue de l'Institut International de Statistique, Vol. 24, 1956, Heft 1/3, S. 73–76).

(3) Bureau of Census: A Chapter in Population Sampling (Washington D. C., ohne Jahr).

(4) BUTLER, JAMES W.: Machine Sampling from Given Probability Distributions (in: MEYER, H. A., ed.: Symposium on Monte Carlo Methods; New York 1956, S. 249–264).

(5) CHATTERJEE, S.: The Method of Argumented Sampling (Applied Statistics, Vol. 17, 1968, No. 3, S. 271–274).

(6) COCHRAN, WILLIAM G.: Sampling Techniques (New York 1953; 2. Aufl., New York 1963).

(7) DEMING, W. EDWARDS: Some Theory of Sampling (New York 1950).

(8) DEMING, W. EDWARDS: Sample Design in Business Research (New York 1960).

(9) FELLER, WILLIAM: An Introduction to Probability Theory and its Applications; Bd. 1 (3. Aufl., New York 1968).

(10) GOODMAN, LEO A.: Snowball Sampling (Annals of Mathematical Statistics, Vol. 32, 1961, S. 148–170).

(11) GOODMAN, ROE, and LESLIE KISH: Controlled Selection. A Technique in Probability Sampling (Journal of the American Statistical Association, Vol. 45, 1950, S. 350–372).

(12) HANSEN, MORRIS H., WILLIAM N. HURWITZ, and WILLIAM G. MADOW: Sample Survey Methods and Theory, Vol. II (New York 1953).

(13) HANSEN, MORRIS H., and WILLIAM N. HURWITZ: On the Theory of Sampling from Finite Populations (Annals of Mathematical Statistics, Vol. 14, 1943, S. 333–362).

(14) HARTLEY, H. O., N. K. RAO, and GRACE KIEFER: Variance Estimation with one Unit per Stratum (Journal of the American Statistical Association, Vol. 64, 1969, S. 841–863).

(15) HARTLEY, H. O., and N. K. RAO: A New Estimation Theory for Sample Surveys (Biometrika, Vol. 55, 1968, S. 547–557).

(16) JAGANNATHAN, R.: The Programming Approach in Multiple Character Studies (Econometrica, Vol. 33, 1965, S. 236–237).

(17) JAGANNATHAN, R.: A Method for Solving a Non-linear Programming Problem in Sample Surveys (Econometrica, Vol. 33, 1965, S. 841–846).

(18) JOHNSON, NORMAN L., and HARRY SMITH, ed.: New Developments in Survey Sampling (New York 1969).

(19) KAUFMAN, GORDON M.: Optimal Sample Size in Two-action Problems when the Sample Observations are Lognormal and the Precision h is known (Journal of the American Statistical Association, Vol. 63, 1968, S. 653–659).

(20) LEHMER, D. H.: Mathematical Methods of Large Scale Computing Units (Annals of the Harvard University Computing Laboratory, Vol. 26, 1951, S. 141–146).

(21) LYTLE, ERNEST J.: A Description of the Generation and Testing of a Set of Random Normal Deviates (in: MEYER, H. A., ed.: Symposium on Monte Carlo Methods, New York 1956, S. 234–248).

(22) MAHALANOBIS, P. C.: On large-scale Sample Surveys (Phil. Trans., Vol. 231 B, 1944, S. 329–451).

(23) MAHALANOBIS, P. C.: Recent Experiments in Statistical Sampling in the Indian Statistical Institute (Journal of the Royal Statistical Society, Vol. CIX, 1946, S. 325–378).

(24) MENGES, GÜNTER: Stichproben aus endlichen Gesamtheiten (Frankfurt a. M. 1959).

(25) NAYLOR, THOMAS H., JOSEPH L. BALINTFY, DONALD S. BURDICK, and KONG CHU: Computer Simulation Techniques (New York 1966).

(26) NORDBOTTEN, S.: Allocation in Stratified Sampling by Means of Linear Programming (Skandinavisk Aktuarietidskrift, Vol. 39, 1956, S. 1 f.).

(27) RAND Corporation: A Million Random Digits with 100 000 Normal Deviates (Glencoe 1955).

(28) SAHTI, P. GHOSH: Post-Cluster Sampling (Annals of Mathematical Statistics, Vol. 34, 1963, S. 587–597).

(29) SCOTT-SMITH: Estimation in Multi-Stage Surveys (Journal of the American Statistical Association, Vol. 64, 1969, S. 830–840).

(30) Sequential Analysis of Statistical Data: Applications (prepared by the Statistical Research Group, Columbia University, New York 1945).

(31) SUKHATME, P.: Sampling Theory of Surveys with Applications (Ames 1954).

(32) TAUSSKY, OLGA, and JOHN TODD: Generation and Testing of Pseudo-Random Numbers (in: MEYER, H. A., ed.: Symposium on Monte Carlo Methods, New York 1956, S. 15–28).

(33) THEODORESCU, R.: Remarques sur les Plans d'Echantillonnage optimum Revue de Statistique Appliquée, Vol. 16, 1968, S. 35–40).

(34) WALD, ABRAHAM: Sequential Tests of Statistical Hypotheses (Annals of Mathematical Statistics, Vol. 16, 1945, S. 117–186).

(35) WALD, ABRAHAM: Sequential Analysis (New York 1947).

(36) WATSON, D. J.: The Estimation of Leaf Areas (Journal of Agricultural Science, Vol. 27, 1937, S. 474).

(37) YAMANE, TARO: Elementary Sampling Theory (Englewood Cliffs, N. J., 1967).

(38) YATES, F.: Sampling Methods for Censuses and Surveys (London 1949).

Versuchsplanung

(39) Bartlett, M. S.: Properties of Sufficiency and Statistical Tests (Proceedings of the Royal Statistical Society, A 901, Vol. 160, 1937, S. 268–282).

(40) Billeter, Ernst P.: Der praktische Einsatz von Datenverarbeitungssystemen (3. Aufl., Wien 1968).

(41) Billeter, Ernst P.: Grundlagen der Elementarstatistik. Beschreibende Verfahren (Wien 1970).

(42) Bose, R. C., and K. R. Nair: Partially Balanced Incomplete Block Designs (Sankhya, Vol. 4, 1939, S. 337–372).

(43) Cochran, William G.: The Distribution of the Largest of a Set of Estimated Variances as a Fraction of Their Total (Annals of Eugenics, Vol. 11, 1941, S. 47–52).

(44) Cochran, William G., and Gertrude M. Cox: Experimental Design (New York 1957, 1. Aufl. 1951).

(45) Federer, W. T.: Experimental Design: Theory and Applications (New York 1955).

(46) Finney, D. J.: The Fractional Replication of Factorial Arrangements (Annals of Eugenics, Vol. 12, 1945, S. 291–301).

(47) Finney, D. J.: Recent Developments in the Design of Field Experiments. III. Fractional Replication (Journal of Agricultural Science, Vol. 36, 1946, S. 184–191).

(48) Fisher, R. A.: The Fiducial Agreement in Statistical Inference (Annals of Eugenics, Vol. 6, 1935, S. 391–398).

(49) Fisher, R. A.: The Design of Experiments (London 1949; 1. Aufl. 1935).

(50) Harshberger, B.: Rectangular Lattices (Virginia Agricultural Experiment Station Memoir, Blacksburg, Vol. 1, 1947, S. 1–26).

(51) Harshberger, B.: Triple Rectangular Lattices (Biometrics, Vol. 5, 1949, S. 1–13).

(52) Harshberger, B.: Near Balance Rectangular Lattices (Virginia Journal of Science, New Series, Vol. 2, 1951, S. 13–27).

(53) Hartley, H. O.: Testing the Homogeneity of a Set of Variances (Biometrika, Vol. 31, 1940, S. 249–255).

(54) Kempthorne, O.: A Simple Approach to Confounding and Fractional Replication in Factorial Experiments (Biometrika, Vol. 34, 1947, S. 255–272).

(55) Kirk, Roger E.: Experimental Design: Procedures for the Behavioral Sciences (Belmont, California, 1968).

(56) Lindquist, E. F.: Design and Analysis of Experiments in Psychology and Education (Boston 1953).

(57) Low, Leone Y.: Estimators of Variance Components in the Balanced Incomplete Block Design (Journal of the American Statistical Association, Vol. 64, 1969, S. 1014–1030).

(58) Nair, K. P., and K. Kishen: Recent Developments in Experimental Design, with Special Reference to the Work in India (Bulletin International Statistical Institute, Vol. 37, 1960, III, S. 161–177).

(59) Pearce, S. C.: Alternatives to Latin Squares (Biometrics, Vol. 24, 1968, S. 657–662).

(60) RAO, C. R.: General Methods of Analysis for Incomplete Block Designs (Journal of the American Statistical Association, Vol. 42, 1947, S. 541–561).

(61) ROBINSON, J.: Balanced Incomplete Block Designs with Double Grouping of Blocks into Replications (Biometrics, Vol. 22, 1966, S. 368–373).

(62) YATES, F.: A New Method of Arranging Variety Trials Involving a Large Number of Varieties (Journal of Agricultural Science, Vol. 26, 1936, S. 424–455).

(63) YOUDEN, W. J.: Experimental Designs to Increase the Accuracy of Greenhouse Studies (Boyce Thompson Institute, Contributions, Yonkers, N. Y., Vol. 11, 1940, S. 219–228).

Sachverzeichnis

GPSR Compliance

The European Union's (EU) General Product Safety Regulation (GPSR) is a set of rules that requires consumer products to be safe and our obligations to ensure this.

If you have any concerns about our products, you can contact us on ProductSafety@springernature.com

In case Publisher is established outside the EU, the EU authorized representative is:

Springer Nature Customer Service Center GmbH
Europaplatz 3
69115 Heidelberg, Germany

Batch number: 10815964

Printed by Printforce, the Netherlands